PROMPT MAGIC
Prompt Engineering
and ChatGPT
Industry Applications

Prompt魔法
提示词工程
与ChatGPT行业应用

丁博生　张似衡　卢森煌　吴楠　著

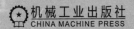
机械工业出版社
CHINA MACHINE PRESS

图书在版编目（CIP）数据

Prompt 魔法：提示词工程与 ChatGPT 行业应用 / 丁博生等著 . —北京：机械工业出版社，2023.12（2025.1 重印）

ISBN 978-7-111-74001-8

Ⅰ. ① P…　Ⅱ. ①丁…　Ⅲ. ①人工智能　Ⅳ. ① TP18

中国国家版本馆 CIP 数据核字（2023）第 189680 号

机械工业出版社（北京市百万庄大街 22 号　邮政编码 100037）

策划编辑：杨福川　　　　　　责任编辑：杨福川
责任校对：肖　琳　陈　洁　　责任印制：邰　敏
三河市国英印务有限公司印刷
2025 年 1 月第 1 版第 5 次印刷
147mm×210mm・10.625 印张・274 千字
标准书号：ISBN 978-7-111-74001-8
定价：89.00 元

电话服务　　　　　　　　　　网络服务
客服电话：010-88361066　　机 工 官 网：www.cmpbook.com
　　　　　010-88379833　　机 工 官 博：weibo.com/cmp1952
　　　　　010-68326294　　金 书 网：www.golden-book.com
封底无防伪标均为盗版　　　　机工教育服务网：www.cmpedu.com

为什么要写这本书

2022 年 11 月是人工智能领域的"奇点时刻"——OpenAI 开发的 ChatGPT 横空出世，它展现出了前所未有的自然程度、知识广度和逻辑推理能力，颠覆了人们对通用模型不如领域专有模型的认知。与 ChatGPT 对话，就像在与一个非常聪明而又具有高情商的人对话，因而受到了广大用户的喜爱和自发分享，并创下了有史以来最快的用户增长速度。GPT-4 推出以及系列大模型接入外部应用接口后，英伟达 CEO 黄仁勋在全球流量大会（GTC）上做主题演讲时表示，AI 的"iPhone 时刻"已经到来。

在 ChatGPT 之后，越来越多的优秀开源大模型和商用 API（应用程序接口）涌现出来。在开源大模型方面，国外有 Meta 公司的 LLaMA 等，国内有清华大学的 ChatGLM 等；在商用 API 方面，国外有 Anthropic 公司的 Claude 等，国内有百度公司的"文心一言"、讯飞公司的"星火"等。随着开源大模型社区生态的不断完善，AI 也从"iPhone 时刻"逐步向"Android 时刻"过渡：借助开源模型提供的统一接口和基础能力，更多的企业和研究机构可以以较低成本打造属于自己的应用，正如开发者们曾经在 Android 操作系统上做的那样。

除了大语言模型之外，图像、音频、视频和跨模态领域也出现了类似的"盛景"。可以预见，未来几年 AIGC（人工智能生成内容）应用将会迎来一个全新阶段：各种各样的大模型将逐渐成熟并且被开源，众多领域的应用将呈现"大浪淘沙""吹尽狂沙始到金"的发展趋势，最终，贴合场景和用户的应用将被广泛使用并改变领域的生产模式和效率。

在不同的垂直领域，针对具体问题和任务的精细化 AIGC 应用会帮助传统产业和业务转型升级。在金融领域，有针对贷款、理财等特定领域的 AIGC 应用；在医疗领域，有用于辅助诊断和筛查的 AIGC 应用；在教育领域，有帮助个性化学习的 AIGC 应用……在各个行业中，AIGC 应用也将伴随企业的日常运营而出现。例如，CRM 系统中会有 AIGC 客服系统，帮助客服人员更有效地解决问题；生产调度中会有 AIGC 调度系统，以实现更高效的资源分配；财务流程中会有 AIGC 核算系统，以减少人为错误。一方面，这些应用充分利用大模型，同时继承领域业务逻辑和私有化数据，实现高度智能化。另一方面，随着应用案例不断累积，模型基座的能力将不断增强，具体体现在两个地方：一是能力覆盖更多行业和场景；二是针对性更强。这将逐渐形成一个良性循环，推动 AIGC 进入"百花齐放春满园"的阶段。

当然，目前 AIGC 应用仍处于起步阶段，各种能力还存在较大不足。在社会各界，关于 AIGC 的声音很多。但是纵观历史大势，我们可以得到两点启示。第一，技术变革带来的生产关系调整是不可避免的，我们要拥抱变化。尽管当前 AIGC 工具已经基本可以自由使用，但是使用门槛仍然不低。很多企业和个人仍不清楚应该如何利用它们来提升效率和解决问题。如果我们想要让更多人都能够自由使用 AIGC 工具，普及相关技术和使用方法就显得尤为重要。第二，技术变革一开始是脆弱的，需要呵护。尽管当前的 AIGC 模型展现出了前所未有的机器智能，但是距离落地解决问题还有"最后一公里"。我们不能一叶障目，只看到当前的技术局限，看不到技术前景这一"泰山"，而是应该积极了解新技术，共同培育 AIGC 应用的"沃土"，释放出技术的潜力，抢占下一轮技术应用的高地。

而普及这些技术和工具，渠道最广、对于公众来说成本最低的方式，就是一本工具书。我们几个作者偶然提到这个想法，一拍即合，于是就有了这本书。希望本书能帮助你了解 AIGC 工具的使用方法，掌握在不同行业、不同场景下 Prompt 的使用技巧。

读者对象

本书适用于大部分读者，尤其是非人工智能专家的读者。如果你是为了提高工作效率并从事新媒体、市场营销、销售、金融、编程、设计、游戏、财务、人力、采购等工作，那么你一定要阅读本书，多思考、多练习。如果你是为了了解 AIGC 发展的脉络，本书也能帮你建立系统性的认知。

本书特色

本书是一本聚焦于实践应用的 AIGC 书籍，具有如下特点。

❑ 全面应用 AIGC 工具：本书没有枯燥的理论和技术细节，而是围绕常见的工作和生成场景提供了应用 AIGC 工具的大量示例，以便读者更快、更全面地掌握 AIGC 工具的使用方法。

❑ 扩大 AIGC 视野：本书介绍了图像、文本甚至视频等各种媒体的 AIGC 工具，帮助读者了解更广阔的 AIGC 天地。

❑ 洞悉 AIGC 未来：本书介绍了人工智能浪潮的起起伏伏，以及 AIGC 工具对各行各业的影响，帮助读者精准地把握 AIGC 发展的脉搏。

如何阅读本书

本书共 14 章。第 1 章对 AIGC 新时代进行阐述,第 2 章集中介绍 AIGC 工具,第 3 章对 Prompt 进行定义和说明。第 4 章到第 13 章针对多个行业的不同场景给出写 Prompt 的技巧和案例。第 14 章对 AI 的未来进行展望。本书各章自成体系,读者可以结合自己的实际需求和感兴趣的业务场景安排自己的阅读顺序。

勘误和支持

由于水平有限,编写时间仓促,而且这个领域更新迭代的速度太快,书中难免会出现一些错误或者不准确的地方,恳请读者批评指正,可发送邮件至 820355055@qq.com。

2023 年 6 月

Contents 目　　录

第 1 章 Chapter 1

AI 新纪元：
社会分工与价值分配重塑

近期，以美国公司 OpenAI 为代表的各个技术团队，在人工智能生成内容（Artificial Intelligence Generated Content，AIGC）领域取得了划时代的进步，掀起了一个个令人振奋的高潮。不同于以往人工智能技术仅限于在技术领域内取得突破，这一次技术突破让人们看到了通用人工智能（Artificial General Intelligence，AGI）到来的曙光，而它也成功"出圈"，深刻且具体地重塑了多数人的生产工具，切切实实地解放了生产力。

本章首先介绍 AIGC 典型技术和产品的基础，接着详细讨论技术进步背后的理念以及它带来的生产效率革命，然后对正在发生的社会分工和价值分配体系的重塑进行思考和预测。我们每个人都与这项变革息息相关，所以也都需要思考在这个 AI 新纪元中何去何从的命题。

1.1 AIGC 与 AGI：从电到电网的跨越

1.1.1 第四次工业革命

下面回顾一下人类历史上的几次工业革命：

- ❑ 第一次工业革命以蒸汽机的使用为标志，人类进入蒸汽时代。
- ❑ 第二次工业革命以电力的使用为标志，人类进入电气时代。
- ❑ 第三次工业革命则以原子能、电子计算机与互联网的使用为标志，人类进入生产力空前发展的时代。

长期以来，人工智能被寄予掀起第四次工业革命的厚望。一方面，人工智能系统在各个领域（棋类游戏、电子竞技等）不断挑战人类的纪录；另一方面，人工智能系统在落地的时候往往因缺乏常识、容易犯错等而被称为"人工智障"。在人工智能的发展史上，高潮和低谷总是相伴而行。

在这种起伏的过程中，科学家们不断重提通用人工智能（AGI）的概念。他们满怀希望地向社会描绘这一人工智能系统发展的长期目标，认为技术的"奇点"将最晚在 2050 年来临。到那时，智能系统会在以下能力上达到人类的水平：

- ❑ 自动推理。智能系统需要在不确定性的环境中做出决策，包括对扫描字符的识别、对音频文字的识别等。
- ❑ 知识表示。智能系统需要有表示知识的方式，包括常识知识库、领域知识库等。常见的表示方法包括逻辑判断语句、知识图谱等。
- ❑ 自动规划。智能系统需要对环境建立模型，并且知道各种操作的关系和后果，从而根据结果进行行动规划。
- ❑ 自主学习、创新。智能系统需要自我学习，尽可能减少对人工"教师"的依赖，更多地从环境观察中提炼知识。
- ❑ 使用自然语言进行沟通。智能系统需要理解人类语言，并使用人类语言表达自己，进行双向沟通。

❑ 集成以上手段来实现一个复杂目标的能力，比如自动驾驶等。

近十年来，图形处理器（Graphics Processing Unit，GPU）的发展为深度学习解决了算力障碍，大数据为深度学习解决了训练数据问题，使得深度学习技术在人脸识别、自动驾驶、语音助手等产品中得到广泛的应用。然而，这些产品在安全性、常识性等方面也常犯"低级"错误，表现出来的性能与人类相比可以说是相去甚远。因此，从科学界到工业界，仍然有部分科学家对这种人工智能系统的主流实现方法持保留态度，他们质疑这种堆叠神经元的"暴力美学"能否真的模拟人类的能力。

但是，这种质疑在 2022 年到 2023 年年初的时间里几乎销声匿迹了。2022 年 11 月，OpenAI 发布了对话大语言模型 ChatGPT。GPT 是生成式预训练模型的简称，自 2018 年发布第 1 版之后，4 年间经过了 4 轮主要的迭代，最后一个版本 GPT-3.5 的参数量达到了 1750 亿。基于这一版本，OpenAI 开发了多个微调后的分支，ChatGPT 分支是专门用于对话的，它的多轮对话记忆能力、逻辑推理能力、意图理解能力和表达能力达到了前所未有的高度。以 ChatGPT 为代表，AIGC 掀起了一个又一个令人振奋的高潮。GPT 迭代的主要版本和时间线如表 1-1 所示。

表 1-1　GPT 迭代的主要版本和时间线

模型版本	时间	参数量
GPT-1	2018 年	3.3 亿
GPT-2	2020 年	约 17 亿
GPT-3	2022 年	1750 亿
GPT-3.5	2023 年	1750 亿
GPT-4	2023 年	>1750 亿

2023 年 3 月 18 日，美国公司 Midjourney 宣布了第 5 版商业

AI 图像生成服务。与上一版本相比，第 5 版服务解决了 AI 生成图像细节不清晰等问题，可以生成适合电影画面比例的图像。有平面设计师评价道："此前版本就像是近视患者没有戴上眼镜，而第 5 版就是戴上眼镜的清晰效果。"

2023 年 3 月 14 日，OpenAI 发布 GPT-4。虽然 GPT-3.5 珠玉在前，但 GPT-4 仍然在短短几个月的时间里做到了百尺竿头更进一步。它不仅具备了多模态的能力，也修正了更多的常识缺失和逻辑谬误，并在司法、医生、哲学等专业考试中达到了人类考生前 10%～20% 的成绩（相比之下，GPT-3.5 在人类考生中排名 80% 左右）。3 月 24 日，OpenAI 宣布 GPT-4 推出插件功能，赋予 ChatGPT 使用工具、联网、运行计算的能力，这意味着 ChatGPT 具备了作为平台的功能，AI 技术迎来了"iPhone/Android 时刻"。

2023 年 3 月 22 日，Runway 发布了 Gen-2 软件，该软件在第一代基于原视频进行自动改编的基础上，新增了对使用文本描述创建全新视频内容的支持。随着 AI 视频生成补齐了 AI 创作的最后一块拼图，下游应用进入了加速阶段。

1.1.2　这一次有什么不同

站在后验的视角，我们可以发现，原先的质疑背后的哲学基础是"还原论"，即如果不能理解系统的每个部分的功能，就无法建造更好的系统。而近两年出现的以 ChatGPT 为代表的这些大模型，其背后的哲学理念是"进化论"。创造这些大模型的团队有这样的信念：如果一项能力是重要的，那么它就会在模型"进化"的过程中自然而然地出现，创造者需要做的，是赋予它足够大、足够复杂的结构，让这种能力有存在的空间。

OpenAI 创始人兼 CEO Sam Altman 的一条推文非常适合作为这种信念的一个注脚："我是'随机鹦鹉'，你也是。""随机鹦鹉"一词出自谷歌前研究员的论文" On the Dangers of Stochastic Parrots：Can Language Models Be Too Big？"，在该论文中，作者认为大语言模型仅仅基于随机概率信息将语言形式的序列随意拼接在一起。他们不无讽刺地把大语言模型比喻为"随机鹦鹉"，即学舌学得很像，却没有真正习得语义、思想等人类特质。对此，Sam Altman 的观点是，若一个事物从各个角度看起来像，那么它就是。机器写的语言，如果足够像人类的自然语言，那么它就是自然语言，它就具备传递情感、交流思想等功能。这也是他写下这条推文的原因。正是这种对大模型的坚定追求，使得以 OpenAI 为代表的公司抢占了新一轮人工智能热潮的先机。

同时，与以往的技术仅在技术和产品圈子有广泛的影响力不同，AIGC 这一次成功"出圈"，引起了全社会的广泛关注和追捧。我们可以用一个案例来说明。2016 年，DeepMind 开发的 AlphaGo 在与世界顶级围棋手李世石的对弈中胜出，标志着 AI 再次攻下一城，当时也引发了广泛的热议。但是热度过后，人们发现，即使围棋的搜索空间相当复杂，也是封闭的。于是人们普遍认为，AI 适合在封闭规则下找到最优解，但是不擅长在开放性的领域做富有创造力的事情。然而，AIGC 颠覆了人们对 AI 的刻板印象。人们惊讶地发现，人工智能在创作图片、生成音乐、写故事甚至创作视频方面，表现出了和人类相近的水平（但是生产速度却比人类提高了两个数量级）。

1.1.3　下一站：AGI

在回顾了人工智能波澜起伏的发展史和近期 AIGC 的爆点之后，我们开始期待人工智能的下一站——AGI。如果把过去的深度学习等技术类比为"电力"，那么 AGI 就是新时代的"电网"。

在 AIGC 之前，深度学习技术固然也取得过耀眼的成绩，但是这种成绩建立在为特定领域花费巨大的成本来收集和标注数据之上，而这些数据集和诸多模型各成"孤岛"，难以跨领域使用。在过去的十年里，有很多行业的不同公司有智能化转型的需求，也有很多以 AI 技术起家的科技企业忙着对传统业务公司进行赋能。本来这种供需的场景是高度契合的，但是前者往往在模型定制的高昂成本和漫长的开发周期面前望而却步或者浅尝辄止，后者则因为迎合客户而把精力分散于数据准备、软件开发等事项，结果形成了买卖双方都相当困窘的局面。所以，AI 初创公司不计其数，真正实现商业上成功的则是凤毛麟角。

在 AIGC 揭开了帷幕之后，AGI 将会催生如同互联网时代的 Windows 和 Android 一样的规模化平台，降低 AI 应用开发的门槛，打造完善的生态链。大模型通过无差别地汲取互联网海量数据的知识，形成了跨领域、多模态的智能平台，有了这个平台做支撑，应用开发者通过指令交互，就可以激发大模型中面向某个场景的知识，从而做出符合业务需求的应用。AI 不再是单一的技术本身，而是平台化的。事实上，OpenAI 已经着手将 ChatGPT 接入各种应用和插件，包括办公软件、会议软件、专业数学计算插件、机票预订插件等。通过集成这些应用和插件的功能，ChatGPT 逐步成为一张连通电器的"电网"。

1.2 AGI 带来的生产效率革命

AGI 将大大解放生产力，在 AI 的新纪元，许多工作的生产效率将迎来革命性的变化。举例如下。

1. 文员类型工作

微软将最新功能 Copilot 整合到办公软件中，包括 Word、PPT、Excel 等，协助用户执行各种工作任务，如安排会议、撰写电子邮件和创建待办事项清单等。例如，如果用户在聊天中讨论一个会议，Copilot 可以根据与会者的时间提供会议安排。如果一个用户正在写电子邮件，Copilot 除了能根据信息的内容给出回应外，还能基于用户与客户的对话记录快速生成一篇文稿。同样，如果用户在使用 PPT 时向 Copilot 描述需求，并附上相关的 Word 文档，明确 PPT 样式及页数，则 Copilot 能迅速生成满足需求的 PPT。此外，在 Copilot 的帮助下，输入函数和公式生成图表、筛选分类等进阶功能也变成"小菜一碟"。

2. 软件开发工作

GitHub 在 2021 年首次接入 Copilot 作为编程工具，而在接入 GPT-4 之后，它的功能远胜于最初简单的补全代码建议。它可以识别开发人员输入的代码，显示错误消息，向开发人员解释代码块的用途，生成单元测试，甚至获得对错误的修复建议。从阅读文档到编写代码，再到提交拉取请求等，该工具大大缩短了软件开发周期，让想法流畅地变为现实。

3. 艺术设计工作

2022 年在美国科罗拉多州博览会的艺术比赛中，画作《太空歌剧院》夺得第一名，奖项一经公布，立刻引起了轩然大波，因为这张画的署名是 Jason Allen via Midjourney。Jason Allen 是一家游戏公司的 CEO，而 Midjourney 则是一款 AI 绘图软件。如今，越来越多的设计师加入 AI 绘图的大军中。

4. 文学创作工作

亚马逊电子书平台上悄悄刮起了一场"AI 写作书籍"的热潮。生活在美国纽约州罗切斯特市的 Brett Schickler 只是一名普通的销售员，但在 2022 年年底 ChatGPT 推出之后，他终于得以实现自己多年的作家梦。借助 ChatGPT，他在几小时内就写出了一本 30 页的儿童插图电子书。他写的这本书名为《聪明的小松鼠：储蓄与投资的故事》，讲述了一只松鼠向它在森林中的朋友学习如何储蓄的故事。这本书已经于 2023 年 1 月通过亚马逊的 Kindle 自助出版部门出售。

通过上面的例子我们可以看到，AI 技术已经从"旧时王谢堂前燕"变为"飞入寻常百姓家"。过去，AI 技术是有业务需求的公司和应用开发的专属工具，现在，即使是普通用户也可以使用 AI 技术提高自己的生产效率了。从开发周期来看，一个想法从诞生到变成现实的周期将缩短为传统开发周期的十分之一；从开发团队来看，单个用户的生产力将可以匹敌一个传统的开发小组。更进一步地，在不远的将来，当我们给 AGI 装上传感器和机械臂时，科幻电影中的超级机器人将成为现实。我们正在经历的，是一场方兴未艾的生产力革命。

1.3　AGI 重新定义脑力劳动

以前我们认为被 AI 取代的顺序是蓝领 > 低技能白领 > 高技能白领 > 创造性工作，而且普遍认为创造性工作很难被取代。而在 1.2 节中我们看到，今天被 AIGC 工具解放生产力的，大多属于脑力劳动。人们带着欣喜而忧虑的复杂心情，看着 AIGC 展现出接管创造性工作的态势。从文艺青年到理工男，从文化创造者到数据创造者，从设计、分析到转译，从管理员、记录员到接待员，AIGC 堪称全方位的白领"杀手"。人们不禁忧虑，脑力劳动者会大幅度地被 AI 所取代吗？脑力劳动者在 AI 新纪元何去何从？

我们分两个层次，逐步深入地研究这个命题。

第一个层次：脑力劳动中也包含着大量的体力劳动。

举两个例子来说明。

第一个例子是"码农"。"码农"这个词是对程序员的另一种称呼，虽然他们坐在现代化的办公室里，但是部分程序员每天的工作内容就是从互联网上寻找各类现成代码组装到自己的项目中，然后调试跑通代码。这样的工作简单且机械。

另一个例子是 AI 开发中的"脏活"。有过 AI 系统开发经历的人都知道，训练模型的第一步是清洗数据等"脏活"，而模型选择的过程中，往往都是网格化地搜索最优参数。这样的工作简单且机械，以往都是招实习生解决的。

我们举这两个例子，旨在说明在看似复杂的脑力劳动中存在着大量的"体力劳动"。在 AGI 时代，真正需要创造力、富有创造性的工作岗位仍然需要人来担任，AI 可以充当人的高级助手，但是无法完全取代人。因此，我们对这个问题的回答是，真正的脑力劳动者不会被 AI 所取代，因为界定是不是脑力劳动将以能不能被 AI 取代为标准。如果 AI 能取代某项工作，那么这项工作本质上是体力劳动。

第二个层次：人在真正需要创造性的脑力劳动部分如何继续保持先进性？

这个问题又可以细分为两个角度。

第一个角度是掌握工具。让每个人学习并掌握 AI 工具是本书写作的第一个初衷。正如不会使用计算机是这个时代的"文盲"一样，不会使用 AI 工具将是未来 AI 时代的"新文盲"。会使用 AI 工具的人，将比不会使用的人获得更多的职业可能性和上升空间；会使用 AI 工具的企业和组织，将比不会使用的企业和组织获得更大的用户群体和更高的市场价值。

第二个角度是超越工具。人的创意的基础，很大部分是由经验组成的。我们固然可以使用 AI 工具全面接管重复性的劳动，但是，如果完全脱离了这些劳动，我们就不能深刻理解背后的原理和细节，创意也就成为无源之水、无本之木。

举例来说，有志于影视创意的人员在传统的培养过程中，每周都需要产出多篇原创的策略，通过这个过程锻炼自己的脑力和格局，从而逐步成长为一个有眼力、有视野的"老猎手"。在 AI 的加持下，创作能力无疑将迎来井喷，原创内容也会大量增加，因为 AI 可以把创作者从简单的劳动中解放出来，让他们只需专注于做出审美选择。但是正如评论家不能完全取代创作者一样，审美选择也不完全等同于创作过程。如果仅满足于使用 AI 工具并进行修改，会让年轻创作者失去磨炼和成长的必要过程，这样做并不能培养出创作人，而是会培养出投机取巧的工作秘书，从而导致真正原创内容的贫乏。

这种危险并不能归咎于 AI 技术的进步，而应该归咎于人类的惰性。事实上，在自媒体高速发展的过去几年里，我们已经见过了大量创作者的技能仅限于搬运、剪切与粘贴，使得自媒体充斥着海量的垃圾信息。

因此，本书写作的第二个初衷是鼓励每个人超越 AI 工具，即依赖 AI 技术的进步来实现个人的全面发展。拥抱技术进步，审视技术进步，并走到技术的前列，我们会发现，前方还有星辰大海。

1.4 AGI 带来的社会分工调整

进入工业革命以来，个人作坊的模式被社会化分工所取代，一个完整的生产过程被分解为若干个相互协作的环节，由不同的人或组织承担不同的环节，从而降本增效。在不同的历史发展时期，由于技术的特点，时代的主角各不相同。

- ❑ 工业时代中，主角是从事大规模流水线生产的工人，核心竞争力是体力、毅力。
- ❑ 信息时代中，主角是知识工作者，核心竞争力是逻辑思维能力。
- ❑ 智能时代中，每个人都能成为主角，核心竞争力是创造力、想象力、共情能力等。

纵观各个时代，新技术的出现总是伴随着社会分工的调整。这其中固然有旧职业的萎缩，也有新职业的诞生。举例来说，AGI 时代新增的职业如下。

- ❑ Prompt 工程师：与构建和训练机器学习或深度学习模型不同，Prompt 工程师通常使用托管在云上的预训练大模型。他们通过设计好的自然语言交互，让大模型生成适当的响应。有时候，他们也要使用机器学习等相关方法，探索更优的交互表达。
- ❑ AIGC 鉴定师：比如，教师需要鉴定学生是否使用了 AIGC

技术，创作类比赛的评委需要鉴定参赛者的作品是否由 AI 生成。

❑ AI 安全官：ChatGPT 的相关技术风险包括在商业领域引发隐私泄露、商业泄密问题，在安全领域引发网络黑客工具和钓鱼软件泛滥问题等。

❑ AI 法律官：当前关于 AI 法律和伦理的研究还没有对很多问题形成公式，比如使用 AIGC 生产内容时如何明确是否借鉴了他人风格，知识产权如何得到有效保护，生产者对生产内容负有什么样的责任等。

与以往机械臂取代流水线工人不同的是，AGI 带来的调整不仅仅是简单地取代某些职业或者新增某些职业，它还将扩大职业这个概念的范围，即让一个人拥有更多参与生产的机会，因为它降低了专业工作的门槛，使得普通人可以实现一些自己原来不可能实现的想法，从而创造出新的有价值的产品。通过 AGI 的赋能，单一职能的岗位将会变成多元化的新岗位，单一维度的工作内容将会变成多维度的工作内容。

面对 AGI 带来的社会分工调整，除了个人之外，国家和社会也要未雨绸缪。在变革的过程中，一定伴随着"AI 失业"；反过来，"AI 失业"又会阻碍 AGI 的推广与应用。这个问题的本质仍然是科技生产力发展与既有生产关系之间的矛盾。解决这一矛盾，必须同时考虑远景和现实两方面。从现实来看，当务之急是要给可能受到 AI 冲击的劳动者提供能力提升的机会，使他们也能享受到科技进步的红利。比如，完善失业保障和提供再就业培训服务，加强青年人的职业规划和创造性素质提升，调整学校人才（尤其是人文、艺术等学科的人才）培养方向，不断推动产业升级，创造新的就业岗位等。

1.5　AGI 带来的价值重新分配

随着社会分工的调整，价值分配体系也会迎来新的调整。

1. 资本要素和劳动要素在初次分配中的比重变化

在 AGI 发展的前期，许多需要人类劳动的任务将被自动化，导致劳动需求下降，从而降低了劳动者在收入分配中的地位和收益。与此同时，由于此时做 AI 应用还处于跑马圈地的阶段，资金的快速流入将成为最大的加持，资本所有者将获得更大的收益和优势。简而言之，劳动要素在初次分配中的比重降低，资本要素在初次分配中的比重提高。

随着 AGI 的深入发展，各种应用会进入攻坚期，出现新的职业岗位和技能需求，上述问题会得到纠正。同时，我们也希望出台公平的政策措施，如税收、教育、再培训、社会保障等，以缓解 AI 对劳动力市场的冲击，并促进收入分配的公平和公正。

2. AI 企业的市场价值变化

随着 AGI 的平台化，AGI 将变为类似于苹果手机的应用商店。用户可以根据自己的需求选择不同的应用。然而，这种平台化也可能导致技术的高度集中化，只有少数技术领先和具有市场优势的企业能够提供优质的服务。这样一来，AI 头部企业将获得更高的市场估值，形成寡头垄断的局面。而寡头垄断可能会降低竞争激励，影响 AGI 技术的创新力和多样性。因此，对于持续提高创新力来说，AGI 的平台化也许不是一个利好。

3. 数据确权和收益分配的变化

在当前的数字经济时代，数据早已成为创造价值的生产资料，广大用户是互联网大数据的提供者和生产者，数据应该属于用户，数据产生的收益也应该属于用户。但如今数据产生的价值通常没有分配给用户，而是基本无偿分配给中心化平台。这是中心化互联网所存在的分配结构问题。

这个现象可能会随着 AGI 的出现变得更好或者更糟。一方面，我们将在后面章节中看到，用户可以向 AIGC 输入包含某些艺术家的作品的提示来获得与之风格类似的内容，这个过程将受到用户的监督，从而可能使得数据确权和收益分配更加公开透明；另一方面，大模型本身包含了海量未知来源的数据，即便是这些数据的生产者也很难辨别自己的创作是否被利用。

4. 社会群体中不同主张的比重改变

以 ChatGPT 为例，尽管它号称存在先天的客观性和理性，但是它依赖的训练方式、用户群、数据、文本等会系统性地偏向特定的倾向。事实上，受过高等教育并且处于科技、知识、传媒、互联网等相关行业的人群，基本都偏向某些方向，这一点也可以直接或间接地影响 ChatGPT 的训练。

ChatGPT 这种智能对话工具的影响力会是巨大的，原因有五点。

第一，它是直接的内容输出者。ChatGPT 解决了"信息过载"的问题，也解决了人类不想自己筛选信息的问题。针对任何一个问题，它都能快速提供一段长度合理、看似经过思考的答案，看起来权威、简洁、规整。

第二，它提供的是"唯一"的答案，不会涉及过多细枝末节。这符合宣传理论中简单而有力、唯一而权威的技巧。

第三，它号称存在先天的客观性和理性。人们会假定任何一个人类作者都有自己的偏好和情感，但 ChatGPT 强调自己就是一个 AI 聊天机器人，不存在主观倾向和情绪，只是将各种信息加以呈现。这种中立性、客观性能极大增强它的可信性和可依赖性。

第四，它采用了"批判性思维"。针对很多问题，ChatGPT 都是采用二分法，回答得也很有分寸。这种"批判性思维"不过是它为了避免纠纷而采用的隐藏倾向的技巧，通过一点"春秋笔法"并结合前三点最终影响用户。

第五，它是面向年轻人的。尽管 ChatGPT 面向并服务于各种脑力工作者，但显而易见，它特别适合还在学习过程中的青少年。

通过以上五点可以看到，如果不对模型进行有意识的干预、调整，则 ChatGPT 很难避免对用户产生不良影响。

5. 不同国家在全球化中的生态位变化

在全球化的背景下，不同国家也可以被看作具有不同生态位的群体，它们在全球经济、政治、文化和科技等方面有着不同的优劣势，也有着不同的合作和竞争关系。

AGI 的出现可能会改变不同国家在全球化中的生态位，具体分析如下。

第一，改变数据资产型国家和技术创新型国家之间的关系。

类比于工业时代的工业国家和资源型国家，AGI 时代也将产生技术创新型和数据资产型这两类国家，跨国技术、数据的流通性和安全性将会成为重要议题。

第二，带来 AGI 技术全球治理和文明多样性问题。

AGI 是一个全球性、全人类的技术浪潮，要规范 AGI 就需要各国在全球治理和合作中共担责任。此外，由于不同文明、宗教、种族、理念之间存在差异，因此如何保证多样化的文明都享有平等的权利，是影响全球的又一个重要议题。

总结 AGI 带来的价值重塑中的 5 个议题，我们认为，技术的进步影响观念的形成，观念汇聚成社会思潮，最终影响文明的走向。当 AGI 发展过程中出现问题时，需要个人、社会和国家的广泛参与和合作，最终促进 AGI 与人类的和谐发展。

第 2 章 *Chapter 2*

人人都应该会用的
AI 生产力工具

这场 AIGC 的浪潮覆盖了各种媒体形式的内容生成，最常见的就是文本生成（可以用于书写公文、翻译、摘要、创意写作等）和图像生成（可以用于海报设计、产品外观设计、Logo 设计、漫画创作等）。本章将介绍在这两个方面中最具影响力的工具，为后续章节做铺垫。在文本生成方面，国外最流行的工具是 ChatGPT/GPT-4，其次是 Claude 等，国内的则是百度的文心一言、讯飞的星火等。在图像生成方面，目前最流行的工具是 Midjourney、Dalle2 和 Stable Diffusion 等。

2.1 ChatGPT 与 GPT-4 的配置和使用

ChatGPT 是 OpenAI 于 2022 年 11 月 30 日发布的聊天机器人程序，它能够通过理解和学习人类的语言来进行对话，还能根据聊天的上下文进行互动，真正像人类一样来聊天交流。发布之后，它迅速在社交媒体上走红，短短 5 天注册用户数就超过 100 万。2023 年 1 月底，ChatGPT 的月活用户已突破 1 亿，成为史上增长最快的消费者应用。

ChatGPT 的背后是 gpt-3.5-turbo 模型，而 GPT-4 是 OpenAI 随后推出的更大"杀器"。关于 GPT-4 的细节（包括参数数量、训练细节等），OpenAI 拒绝对外公开进一步的信息。

配置和使用 ChatGPT 的方式分为如下几步。

第一步，注册与登录。

打开 https://platform.openai.com/signup，使用手机号码和接收的验证码进行注册，完成注册后打开 https://chat.openai.com/auth/login 登录。登录后即可在 https://platform.openai.com/playground?mode=chat 中和 ChatGPT 对话。在该界面选择不同的 Mode 和 Model，可以为不同模式选择不同的模型分支，如图 2-1 所示。一般来说，对于聊天模式，默认选择 gpt-3.5-turbo 即可。对于不需要开发应用接入 ChatGPT 的用户来说，到这一步就可以了。如果有接入开发应用的需求，则需要进行下一步。

图 2-1　对话示例

第二步，申请 API 密钥。

打开 https://platform.openai.com/account/api-keys 申请密钥，单击"创建新的密钥"就可以申请了。申请后复制你的密钥（注意，这个密钥只会显示一次，记得保存好），以完成后续的接入动作。

第三步，网络请求。

使用 POST 方法请求 https://api.openai.com/v1/chat/completions，注意在消息头中设置好密钥，并且把消息体的内容替换为自己的内容。举例如下。

```
curl https://api.openai.com/v1/chat/completions \
    -H "Content-Type: application/json" \
    -H "Authorization: Bearer $OPENAI_API_KEY" \
    -d '{
        "model": "gpt-3.5-turbo",
        "messages": [{"role": "user", "content": "Hello!"}]
    }'
```

第四步，进一步使用 GPT-4。

如果用户有进一步使用 GPT-4 的需求，可以花 20 美元升级为 ChatGPT Plus 用户。GPT-4 的 API 需要提交申请等待通过，申请网址为 https://openai.com/waitlist/gpt-4-api。

ChatGPT 最长能够处理 4096 个 token（token 的计算方式和英语单词、汉字都不一样，通常来说，英语单词和 token 数量比例为 3∶4，汉字和 token 数量比例为 2∶1），每一千个 token 收费 0.002 美元。GPT-4 能够处理 8192 个 token，但是收费按照输入和响应分开计算，每一千个输入的 token 收费 0.03 美元，每一千个响应的 token 收费 0.06 美元。GPT-4 还提供了 32K token 版本，即支持 32 768 个 token，不过价格也更贵。每一千个输入的 token 收费 0.06 美元，每一千个响应的 token 收费 0.12 美元。

虽然 GPT-4 价格较高，但因为 New Bing 搜索引擎已经接入了 GPT-4（尽管没有多模态的功能），如果想要先体验 GPT-4，可以使用 New Bing。

2.2 文心一言的配置和使用

文心一言是百度开发的一款知识增强大语言模型，于 2023 年 3 月 16 日在北京公开展示。文心一言能够与人对话互动，回答问题，协助创作，高效便捷地帮助人们获取信息、知识和灵感。文心一言基于飞桨深度学习平台和文心知识增强大模型，从海量数据和大规模知识中融合学习，具备知识增强、检索增强和对话增强的技术特色。

文心一言目前需要通过 https://yiyan.baidu.com/ 提交申请，等待审核，通过之后即可通过网页进行体验。文心一言暂未对个人开放 API，商业公司可以联系文心团队洽谈 API 服务。

2.3 Midjourney 的配置和使用

Midjourney 是一种基于扩散模型的图像生成工具，可以根据用户的输入快速生成不同类型的艺术图片，包括油画、素描和彩色画等。相比后面要提到的两个工具，Midjourney 以图片风格而独树一帜，它生成的图片风格更偏写实感和插画感。

目前 Midjourney 仅提供网页版在线应用程序，需在浏览器中访问 Discord 以开始使用。Discord 是一个用于游戏玩家交流的聊天程序，随后发展成为一个聊天平台。Discord 的主要优点在于它的可定制性。在 Discord 上有许多服务器，在服务器中添加 Midjourney 作为机器人，或者加入对应的聊天频道即可使用 Midjourney。

1. 注册 Discord 账号

打开 https://discord.com/，使用邮箱注册一个 Discord 账号。这个过程中会有一封验证邮件发到你所填写的注册邮箱，有时候会进一步需要手机验证。

2. 登录 Midjourney 官网

打开 https://www.midjourney.com/，用 Discord 账号登录，随后单击"接受邀请"自动跳转至 Discord。

3. 创建聊天频道和服务器

首先创建一个服务器。依次单击"创建服务器""亲自创建""仅供我和我的朋友使用""创建"，这样你就得到了一个自己的服务器。把 Midjourney Bot 添加至该服务器。右键单击刚刚创建的服务器，找到"服务器设置"，再单击" App 目录"，在搜索框里输入"Midjourney"找到"Midjourney Bot"，添加到服务器里。

4. 加入其他聊天频道

可以在 Discord 频道中搜索以" newbies "开头的频道，这些频道都是 Midjourney 使用者的聚集地，在这里可以学习其他人的 Prompt 技巧。

5. 使用 Midjourney

查看屏幕正下方的对话框。在对话框中输入" /settings "，弹出配置选项，如图 2-2 所示。

图 2-2　Midjourney 设置参数说明

各项参数的说明如下。

❑ 版本：从第 1 版到第 5 版均可选择，Niji 模式是指生成漫画、二次元的风格。本书默认选择第 5 版，该版本在细节、风格上明显有很大提升。

- ❏ 质量：默认是基础的，也可以选择较低清晰度或者更高清晰度。
- ❏ 风格化：该项参数越高，风格权重越高。
- ❏ 输出模式：依次可选公开模式（所有人可见）、隐私模式（仅自己可见）、混音模式（支持局部修改，不需要重新从 Prompt 生成）、快速模式、慢速模式。

选择好参数之后，在对话框中输入"/imagine"，选择弹出的指令，在 prompt 指令后面输入你想要的关键词，按回车键（如图 2-3 所示），就会生成对应的图片，如图 2-4 所示。

图 2-3　Midjourney 生成图片指令：一只浅黄色柯基的全身照
（- g5 表示注重图片细节）

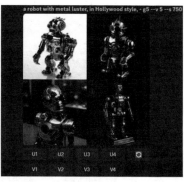

图 2-4　Midjourney 生成图片例子

- ❏ 图片推送。在图 2-4 中，生成图片下方的"U1""U2""U3""U4"代表了显示的四张图，单击其中一个按钮，系统就会发给用户对应图片的高清图片（Upscale）。

"V1""V2""V3""V4"也对应显示的四张图，单击其中一个按钮，系统就会发给用户对应图片的变种（Variation）。

❑ 混合指令。使用图片混合指令"blend"（如图 2-5a 所示），根据提示上传两张图片，这里我们使用上面生成的图片，得到的结果如图 2-5b 所示。可以看到，图片融合的形象取自小狗，而金属的质感取自机器人。

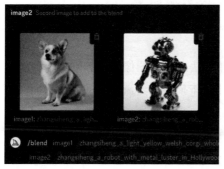

a)　　　　　　　　　　b)

图 2-5　Midjourney 图片融合例子

2.4　DALL·E 2 的配置和使用

DALL·E 这个名字源于西班牙著名艺术家 Salvador Dalí 和广受欢迎的皮克斯动画机器人 Wall-E 的组合。2021 年 1 月，OpenAI 推出了 DALL·E 模型。2022 年 7 月，DALL·E 2 进入测试阶段，可供白名单中的用户使用。同年 9 月，OpenAI 取消了白名单的要求，推出了任何人都可以访问并且使用的开放测试版。

1. 网页使用方法

登录 https://labs.openai.com/ 即可使用 DALL·E 2。该网站与 ChatGPT 同属于 OpenAI，注册与登录方法参见前文。对于 DALL·E 2，每个用户每月有 15 次免费生成图片的额度。

2. API 使用方法

此处使用的 API 密钥同 ChatGPT，以图像生成为例，使用方法如下。

```
curl https://api.openai.com/v1/images/generations \
    -H "Content-Type: application/json" \
    -H "Authorization: Bearer $OPENAI_API_KEY" \
    -d '{
        "prompt": "a white siamese cat",
        "n": 1,
        "size": "1024×1024"
    }'
```

除了图像生成，API 使用方法还支持图像编辑和图像变种。图像编辑即给定一张图片，并用文本描述编辑需求，同时使用掩模图片指定编辑区域，举例如下。

```
curl https://api.openai.com/v1/images/edits \
    -H "Authorization: Bearer $OPENAI_API_KEY" \
    -F image="@sunlit_lounge.png" \
    -F mask="@mask.png" \
    -F prompt="A sunlit indoor lounge area with a pool
        containing a flamingo" \
    -F n=1 \
    -F size="1024×1024"
```

在这个例子中，原图、掩模图片和生成图片如图 2-6 所示。

a）原图   b）掩模图片   c）生成图片

图 2-6　图像编辑示例

图像变种即基于给定图片，在不改变图像基本内容的情况下得到新图片，示例如下。

```
curl https://api.openai.com/v1/images/variations \
    -H "Authorization: Bearer $OPENAI_API_KEY" \
    -F image='@corgi_and_cat_paw.png' \
    -F n=1 \
    -F size="1024×1024"
```

图像变种示例如图 2-7 所示。

图 2-7　图像变种示例

2.5　Stable Diffusion 的配置和使用

Stability AI 是一家开源的人工智能公司，它成立于 2019 年，由 Emad Mostaque 创立，总部位于伦敦。该公司于 2021 年启动了 AI 计划，还收购了 AI 图像编辑软件 Clipdrop，开发了音频工具 Harmonai。

Stable Diffusion 是由 Stability AI 公司资助和塑造的，技术许可是由慕尼黑路德维希－马克西米利安大学（Ludwig Maximilian University of Munich）的 CompVis 小组发布的。它的开发团队的主要成员是 Patrick Esser 和 Robin Rombach，同时，他们二人也是一系列扩散模型架构的主要研究人员。Stable Diffusion 第 1 版于 2022 年 8 月公开发布，第 2 版于 2022 年 11 月 24 日发布。

相比其他模型，Stable Diffusion 最大的优势是完全开源，配置到个人电脑上就可以运行。下面介绍它的使用方法。

1. 网页使用方法

最简便的方法是打开 https://huggingface.co/spaces/stabilityai/ stable-diffusion，无须注册与登录即可开始使用。美中不足的是这种方式需要排队，当用户量过大时需要重试几次方可成功。

更加稳定的网页版是 https://beta.dreamstudio.ai/，但需要注册并且登录。新用户有 25 次免费体验额度，超出的话则需要付费使用。

2. API 使用方法

Stable Diffusion 同样需要 API 密钥，该密钥需要从 https:// beta.dreamstudio.ai/account 获取。以 Python 语言为例，调用 API 从文本生成图像的方法如下。

```
response = requests.post(f"{api_host}/v1/generation/
    {engine_id}/text-to-image",
    headers={"Content-Type": "application/json", "Accept":
        "application/json", "Authorization": f"Bearer
        {api_key}"}, #此处填入密钥
    json={
    "text_prompts": [{"text": "A lighthouse on a cliff",
        "weight": 0.7}],        #为不同Prompt指定权重
    "cfg_scale": 7,      #图像贴近Prompt的程度，越大越贴近Prompt
    "clip_guidance_preset": "FAST_BLUE",
    "height": 512,           #图像高度
    "width": 512,            #图像宽度
    "samples": 1,            #生成图像数量
    "steps": 30,             #生成过程迭代步数
})
```

更多 API 使用方法（如以图生图等）参见 https://platform. stability.ai/rest-api 文档说明，此处不再赘述。

3. 本地使用

为了在本地使用 Stable Diffusion，电脑的硬件设备需要满足：①大于 20GB 的硬盘空间；②大于 8GB 显存的显卡。对于希望在本地使用的读者群体来说，前置条件是使用 git 工具和 Python 编程语言，此处不再赘述。

准备好这些东西之后，从 https://github.com/Stability-AI/ stablediffusion 下载代码，并从 https://huggingface.co/stabilityai 下载最新的模型文件。当前最新的模型文件是 2.1 版本。随后在代码文件夹下运行如下命令，开启创作之旅吧！

```
python scripts/txt2img.py \
--prompt "a professional photograph of an astronaut riding
    a horse" \
--ckpt <path/to/768model.ckpt/> \
--config configs/stable-diffusion/v2-inference-v.yaml \
--H 768 --W 768
```

2.6　工具的选择

前面介绍的这么多工具仍然处于快速迭代的过程中。我们一般从四大维度对文本生成工具进行比较。

- ❏ 文本创作：如续写故事、给定主题写作等。
- ❏ 应用文写作：如写邮件、写公告等。
- ❏ 数理逻辑：如数学应用题、逻辑推理题等。
- ❏ 语言理解：如多轮对话的记忆能力、文本摘要和阅读理解等。

学术界、工业界对于大模型的评测有各个不同的榜单，在这些榜单里，GPT-4 和 ChatGPT 的综合能力目前来看仍然领先其他模型。因此，本书后续章节一般以 GPT-4、ChatGPT 和 New Bing 举例。

同样，我们简单概括一下图像生成工具迭代时间轴，如图 2-8 所示。

这三个图像生成工具未来一定会具备越来越完善的功能和丰富的设置。为了方便读者选取最适合自己的工具，我们对比一下 3 个图像生成工具截至本书完稿时的使用特点，如表 2-1 所示。

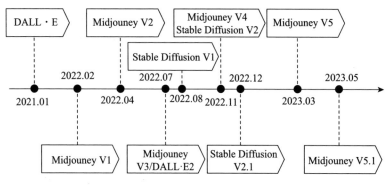

图 2-8　图像生成工具迭代时间轴

表 2-1　3 个图像生成工具比较

工具	支持网页	支持API	付费情况	功能
Midjourney	是	否	需要	有丰富的设置，支持图像变种
DALL·E 2	是	是	每月 15 次免费额度	支持图像编辑（外涂或者内嵌）、图像变种
Stable Diffusion	是	是	有免费体验功能	支持反向 Prompt 以指定不要出现的元素

在这 3 个工具中，Midjourney 的社区活跃度最高、设置较丰富，生成的图片适用场景最广。因此本书涉及图像生成的内容时以Midjourney 为主，其他两个工具为辅进行举例。图像生成还有其他工具和公司，包括 Jasper AI、NovelAI Diffusion（一个专注于二次元的图像生成）等，本书不再赘述。

Prompt 魔法：
人与 AI 交互的新范式

当我们将目光投向历史，可以发现人机交互的接口其实是相对稳定的，几十年才会有一次变化。但是，每一次变化所带来的影响都是深远的，往往都会掀起一场革命。

在 CUI（Command-Line User Interface，命令行用户界面）时代，用户需要通过输入命令来操作计算机，UNIX 和 DOS 就是这一代的代表。21 世纪的我们已经很难想象，用命令行操作系统到底是什么样的体验。但是一场席卷全球的信息革命就是这么展开的。

后来，GUI（Graphic User Interface，图形用户界面）应运而生，它最初由施乐公司开发，应用于苹果的 Macintosh 系统，并通过微软的 Windows 系统得到了广泛普及，从 20 世纪 80 年代一直延续到现在，涵盖了电脑、手机、平板等各种设备的用户界面。各种网站、App、软件其实都是 GUI 的不同形态，而这种 UI 的变化，就已经足够让我们看到 PC 互联网和移动互联网两波浪潮。

当移动互联网的红利期结束，ChatGPT 横空出世，打开的不只是 AIGC 的大门，而是打开了 LUI（Language User Interface，自然语言用户界面）的大门。这个曾经停留在学术界的概念，终于等来了它的时代。而我们也站在了人类迄今为止最大的一场技术革命的门口，在集齐了数据、模型、硬件之后，LUI 这种人与 AI 交互的新范式，补齐了 AI 革命的最后一块拼图。

3.1　什么是 Prompt

部分读者对于提示词可能会感到陌生。从表面上看，提示词就像是普通的文本输入，但如果我们把 AI 想象成一个具有各种超能力的魔法伙伴，那么你输入的文本就是魔法咒语，让这个伙伴帮你完成各种不可思议的创作。

过去，人们通常是通过命令或者输入特定的指令来与 AI 进行交互。但是，随着自然语言处理和计算机视觉等技术的发展，人们可以更加自然地与 AI 进行交互，这意味着人与 AI 之间的交互方式正在发生一场深刻的变革。

这种新的交互方式的核心是将 AI 看作一个与人类相似的能够理解自然语言并且回应的实体，而不是一个简单的程序或者工具，人们能够像与人类交流一样与 AI 进行交互。这种交互方式会让人与 AI 的关系更加亲密，更加自然，更加有趣。基于自然语言的交互方式（即 LUI）正是这种新范式的一个关键组成部分。通过自然语言处理技术，人们可以使用自己熟悉的语言与 AI 进行交流，而不需要特定的命令或者语法规则。这种交互方式可以使得人与 AI 的交流更加直观、自然、易懂，也可以提高人与 AI 之间的交互效率和效果。

当我们将目光投向人工智能的各个分支时，我们惊奇地发现，不管是文本生成、图像生成，还是音乐和视频的生成，各个方向在经历了不同的进化过程后，最终都汇集到了同一个方向，也就是用人类语言去指导 AI 的生成。AI 画图、AI 写作、AI 作曲、AI 视频，这些我们曾经觉得门槛极高的方向，竟然在经过自然语言处理后，用如此优雅的方式，得到了统一的最优解，而这就是 Prompt，提示词。

提示词的使用让人们能够轻松地掌握人工智能的创作能力，且不需要具备深厚的专业知识或技能。同时，由于提示词可以根据用户的需要进行定制和修改，因此用户可以根据自己的需求和兴趣来生成不同的内容，从而实现个性化的创作。

随着 AI 技术的不断发展和进步，提示词的应用范围也在不断扩大。例如，在文本生成领域，可以使用提示词来生成新闻报道、科技文章、小说等不同类型的文本；在图像生成领域，可以使用提示词来生成人像、风景、动物等不同主题的图像；在音乐和视频生成领域，可以使用提示词来生成不同风格和类型的音乐和视频。

提示词看似简单，但其实是一个人的综合能力的体现。这也是为什么同样的 AI 工具，在有的人手里可以妙笔生花，下笔千言，在有的人手中，就始终用不起来。其实问题的核心就在于，很少有人去深入思考，提示词是一种能力。既然是一种能力，那么它就是可以训练出来的。接下来，我们会带领大家从零开始学习 Prompt，打造新时代的核心竞争力。

3.1.1　Prompt 的定义和作用

Prompt 是指输入给 AI 模型的文本或语句，用来引导模型生成相关的输出。在使用 AI 工具时，Prompt 可以起到非常重要的作用，因为它可以指导模型产生特定的输出，并且提高输出的准确性和可靠性。举个例子，如果你正在使用 AI 语言模型生成一篇文章，你可以输入一个 Prompt，如"写一篇关于人工智能的文章"，以此引导模型产生与人工智能相关的内容。在这种情况下，Prompt 可以帮助模型理解你的意图并生成更加准确的输出。Prompt 的设计和选择也可以影响模型的输出结果，因此在使用 AI 工具时，选择合适的 Prompt 是非常重要的。

Prompt 的作用并不局限于生成文本，它还可以用于训练和微调模型。通过提供有针对性的 Prompt，模型可以更好地理解所需的输出，并且可以通过反复使用类似的 Prompt 进行训练，从而提高模型的准确性和可靠性。

此外，Prompt 也可以用于控制生成内容的风格、主题和情感色彩等。通过使用不同的 Prompt，可以引导模型生成特定风格或情感色彩的内容，例如正面或负面情感、科技或娱乐主题等。

Prompt 的设计和选择对于模型的输出结果至关重要，不同的 Prompt 会导致不同的结果。因此，在使用 Prompt 时，需要进行适当的测试和评估，以确保输出结果符合预期。

最后，Prompt 也可以作为一种人机交互的方式，通过输入不同的 Prompt，与 AI 模型进行交互和对话，从而获得更加智能化的人机交互体验。

3.1.2 Prompt 的组成要素和类型

Prompt 的组成要素通常包括文本、标点符号、关键词、语法和结构等。这些要素可以帮助指导 AI 模型生成更加准确和相关的输出。具体来说，以下是一些常见的 Prompt 类型及其组成要素。

❑ 指令式 Prompt：这种类型的 Prompt 是指导 AI 模型执行某种任务的命令式语句。它通常包括动词、名词和其他必要的指示，例如，打开电视、关掉灯、发邮件给 ×× 等。

❑ 描述性 Prompt：这种类型的 Prompt 描述了模型需要生成的内容。它通常包括关键词、主题和问题等，例如，写一篇关于环保的文章、描述一下著名的历史事件等。

❑ 问答式 Prompt：这种类型的 Prompt 包括一个问题和一个或多个可选答案。它通常包括关键词、问题、答案和上下文等，例如，"谁是美国第一位总统？"，"答案是：乔治·华盛顿"等。

❑ 聊天式 Prompt：这种类型的 Prompt 是一种自然语言的对话，用于与 AI 模型交互和产生相关的输出。它通常包括问题、回答、提醒和建议等。

也可以按照使用场景来划分 Prompt 的类型。下面是一些常见的 Prompt 类型及其对应的使用场景。

❑ AI 生成图像：这种类型的 Prompt 用于生成图像或者进行图像处理。比如，可以使用这类 Prompt 来生成人脸、动物或风景等图像。

❑ AI 生成文本：这种类型的 Prompt 用于生成文本或者完成文本相关的任务。比如，可以使用这类 Prompt 来写文章、自动生成邮件、回答问题等。

❑ AI 生成代码：这种类型的 Prompt 用于生成代码或者完成编程相关的任务。比如，可以使用这类 Prompt 来编写算法、自动生成程序代码、进行数据处理等。

❑ AI 生成音乐：这种类型的 Prompt 用于生成音乐或者进行音乐相关的任务。比如，可以使用这类 Prompt 来创建旋律、和弦、节奏等。

❑ AI 生成视频：这种类型的 Prompt 用于生成视频或者进行视频相关的任务。比如，可以使用这类 Prompt 来生成动画、特效、剪辑等。

在选择和设计 Prompt 时，需要根据具体的应用场景和需求选择合适的类型和组成要素。同时，为了确保能够指导 AI 模型产生正确的输出，需要注意 Prompt 的长度、清晰度和完整性。下面总结了一些一般性的指导原则。

❑ 长度：Prompt 的长度，一般以 10～100 个中文字符为宜。在某些任务中，输入文本可能很长，比如"对以下这篇通稿进行摘要"，随后输入长篇通稿，通稿的部分不计算在 Prompt 的长度内。

❑ 任务清晰：输入和输出都要清晰。仍然以通稿为例子，如果要拟标题，则应该告诉 AI "对以下这篇通稿拟一个 10 个字左右的标题"；如果要拟副标题或者引语，则应该相应调整字数。

❑ 场景完整：包括以什么身份来完成问题，需要使用附加的信息或者考虑额外的限制条件，面向的人群，等等。仍然以通稿为例子，以纸媒传播的标题和以新媒体平台传播的标题是不同的，遵守广告法等（如不能出现"第一""最"等夸大字眼）也是必要的，那么，一个合适的 Prompt 应该是："对以下这篇通稿拟一个 10 个字左右的标题，用于在微信公众号等新媒体平台进行传播，注意不要出现夸大事实等违反相关法律法规的字眼。"

在不同场景下，Prompt 也会有更多的考虑因素，但是以上三条原则将是最基础的。本书的后续章节将会把它们应用到各种场景，最终教会读者们灵活运用。

3.2　Prompt 是一个人的综合能力的体现

正如前文所说，Prompt 是一个人的综合能力的体现。具体来说，Prompt 是一个人的三个维度能力的体现，即想象力、逻辑思考能力和语言表达能力。

想象力是指一个人的创造力和想象能力，包括他们在面对新问题时能够想出创新的解决方案的能力。这种能力还包括一个人能够在头脑中形成生动而真实的场景和故事情节的能力。

逻辑思考能力是指一个人能够理性地分析和解决问题的能力。这种能力涉及识别问题、搜集相关信息、分析数据、推导出结论以及做出决策的能力。这种能力的重要性在于它可以帮助人们更好地理解和处理各种问题，并且在面对复杂的情况时保持清晰的思路。

语言表达能力是指一个人能够清晰、准确地表达自己的想法和观点的能力。这种能力不仅包括口头表达能力，还包括书面表达和交流能力。一个人的语言表达能力可以反映出他们的思维能力和知识水平。

这三个维度的能力相互依存，共同构成了一个人的 Prompt 水平。一个人只有在这三个方面都有较高的能力，才能更好地完成各种任务和解决各种问题。换句话说，一个人在不同的 Prompt 任务中表现出的水平也可以反映出他们在这三个方面的综合能力。

3.2.1　Prompt 是想象力的体现

当我们使用 Prompt 的时候，我们往往要从一些新的角度去解构问题。比如同样是画一个图，如果我们只是简单地按照已有的模板和想法去描绘，那么画出来的图形可能会非常平凡，缺乏想象力和独特性。但是如果我们运用 Prompt，尝试从不同的角度和方式去思考，就能够打破常规，产生出令人惊艳的创意。

举个例子，如果我们只是按照传统的方式去画一朵花，很可能会画出一朵常规的玫瑰或向日葵，这种画法已经屡见不鲜，缺乏新意。但是如果我们使用 Prompt，尝试从不同的角度去想象，比如"在太空中，有一朵开着的花"，那么我们就会发现，在这种思维方式下，画出来的花就会非常独特，甚至可以成为一件惊艳的艺术品。

另外，Prompt 还可以帮助我们跨越语言和文化的障碍，将不同的文化元素融合在一起，产生更加多元化和独特的创意。比如我们想要画一幅古代中国的风景画，我们可以使用 Prompt，输入"在中国的古代，有一片美丽的山水风景"，然后根据 Prompt 提供的语言材料，融合自己的想象力，创造出独具特色的艺术作品。

因此，使用 Prompt 可以帮助我们拓展想象力，从不同的角度去解构问题，产生更加独特和令人惊艳的创意。同时，Prompt 也可以帮助我们跨越语言和文化的障碍，产生更加多元化和独特的创意，使我们的作品更加具有吸引力和观赏性。

3.2.2 Prompt 是逻辑思考能力的体现

逻辑思考能力，是使用 Prompt 去解决大量实际问题的基础。逻辑思考能是一种能够帮助人们理性思考和判断的能力，它可以帮助我们清晰地定义问题、找到问题的根源、寻找解决方案、评估不同的选择，并最终作出合理的决策。这种能力对于各个领域的问题求解都至关重要，而 Prompt 正是一种可以帮助我们发挥逻辑思考能力的工具。

例如，我们需要为一个新产品编写用户手册，可以使用 Prompt 来帮助我们生成一个适当的文本，以满足用户的需求。我们可以首先定义产品的主要特点、目标用户、使用场景等，然后通过 Prompt 生成一个初步的文本，再根据需要进行修改和完善。在这个过程中，我们需要考虑用户的需求和预期，了解产品的特点和功能，以及理解技术术语和语言的含义。这就需要运用我们的逻辑思考能力，以便准确地描述产品，并提供有用的信息。

逻辑思考过程，其实就是一步一步把一个大问题拆解成各个小问题的过程。而这个过程，在学术界有个专有名词，即思维链（Chain of Thought）。在谷歌和 OpenAI 的一系列论文中已经验证，当你把一个问题，按照思维链的方式，一步步 Prompt 大型语言模型时，往往能够得到正确的答案。

总之，Prompt 可以帮助我们快速、高效地解决各种实际问题。然而，要发挥它的优势，我们需要具备一定的逻辑思考能力，以便能够准确地定义问题、分析数据、进行推理，并最终得出正确的结论。

3.2.3 Prompt 是语言表达能力的体现

语言表达能力是我们与世界沟通的桥梁，它承载着我们的思想和情感，准确的语言表达能力是使用 Prompt AI 工具生成内容展现出人类思维的关键所在。即使有着深刻的想象力和逻辑思考能力，如果不能用准确、清晰的语言表达出来，那么生成的内容就会大打折扣。

在语言表达能力方面，除了准确性之外，还需要考虑到语言的适宜性。例如，在使用 Prompt AI 工具为不同的场景和用户生成内容的时候，我们需要使用不同的语言风格和措辞，来实现我们想要的效果。

此外，语言的表达还需要考虑到文化和社会背景等因素。在使用 Prompt AI 工具为不同文化和背景的用户生成内容时，我们需要使用合适的语言和表达方式，尊重并反映他们的价值观和习惯。这样才能够实现良好的沟通和交流，达成真正的理解和共识。

总之，准确的语言表达能力是 Prompt 生成 AI 内容的重要抓手。只有掌握了准确的语言表达能力，才能更好地传达自己的思想，让 AI 能够完美地生成我们想要的内容。只有理解并运用好语言的力量，才能让 AI 工具真正发挥优势，为人类带来更多的便利和创造力。

3.3　ChatGPT 提示词入门指南

3.3.1　基本原则

在之前提到的内容中，我们可以发现 ChatGPT 提示的质量对于对话的成功至关重要。一个清晰的提示能够确保对话保持在正确的轨道上，并涵盖用户感兴趣的主题，从而带来更加引人入胜和信息丰富的体验。

那么，要想制定有效的 ChatGPT 提示，我们需要遵循一些关键原则。

首先，提示必须要清晰易懂，以确保 ChatGPT 能够正确理解主题或任务并生成合适的响应。我们要尽可能使用简洁具体的语言，避免使用过于复杂或模糊的词汇。

其次，提示应该有明确的目的和焦点，以帮助引导对话并保持正确的轨道。我们需要避免使用过于宽泛或开放式的提示，这可能会导致对话缺乏连贯性或重心。

最后，提示必须与用户和对话相关。我们要避免引入无关的话题或离题的内容，这可能会分散对话的注意力。

遵循这些原则，你就能制定出有效的 ChatGPT 提示，从而推动引人入胜和信息丰富的对话。

3.3.2　编写清晰、简明的提示

编写清晰、简明的提示可以带来很多好处，能够使你的 ChatGPT 对话变得更加有趣、信息丰富。下面是一些主要的好处。

- ❑ 提高理解能力：使用清晰和具体的语言可以帮助确保 ChatGPT 理解手头的主题或任务，并生成适当的响应。这能够产生更准确和相关的响应，使对话更加吸引人且信息更加充实。
- ❑ 增强聚焦：通过为对话定义明确的目的和焦点，帮助引导对话并保持正确的轨道。这可以确保对话涵盖用户感兴趣的主题，避免离题或分散注意力。
- ❑ 提高效率：使用清晰简明的提示也可以使对话更加高效。通过专注于特定主题并避免不必要的离题，确保对话保持在正确的轨道上，并更及时地涵盖所有关键点。

总的来说，编写清晰简明的提示可以确保你的 ChatGPT 对话变得更加有趣、信息更加丰富、高效性更加突出。

确保清晰的沟通是确保你的 ChatGPT 提示有效并引导有趣和信息丰富的对话的关键。以下是一些清晰沟通的原则。

- ❑ 清晰度：使用易于 ChatGPT 理解的清晰而具体的语言。避免使用行话或模棱两可的语言，这可能导致混淆或误解。确保你的提示清晰明了，让 ChatGPT 能够理解你的意图。
- ❑ 简洁性：提示尽可能简洁，避免不必要的词语或支离破碎的内容。这将有助于确保 ChatGPT 能够生成有针对性和相关的响应。简洁的提示可以帮助 ChatGPT 更好地理解你的需求，生成更准确的响应。

❏ 相关性：确保你的提示与对话和用户的需求相关。避免引入不相关的主题或支离破碎的内容，这可能会分散对话的主要关注点。了解你的用户，确保你的提示与他们的需求和兴趣相关。

通过遵循这些清晰沟通的原则，你可以制定有效的 ChatGPT 提示，推动有趣和信息丰富的对话。使用清晰明了、简洁的提示，确保你的提示与对话和用户的需求相关，可以帮助 ChatGPT 生成更准确的响应，使对话更加有趣和丰富。

3.3.3　有效 Prompt 和无效 Prompt

为了更好地理解制定有效的 ChatGPT 提示的原则，让我们看一些有效和无效提示的示例。

有效的 ChatGPT 提示如下。

❏ "能否为我简要概括一下你的旅游经历？"：这个提示清晰、简明、相关，使得 ChatGPT 能够轻松提供所请求的信息。

❏ "请为我推荐一本适合阅读的小说"：这个提示具体、相关，允许 ChatGPT 提供有针对性和有用的回答。

无效的 ChatGPT 提示如下。

❏ "告诉我有关科学的一切"：这个提示过于宽泛和开放，使 ChatGPT 难以生成一个有重点或有用的回答。

❏ "你能告诉我关于你自己的事情吗？"：虽然这个提示清晰而具体，但它太过个人化、开放式，不能让 ChatGPT 生成有用的回答。一个更有效的提示是指定具体的主题或任务。

❏ "你好"：虽然这是一个常见的谈话开场白，但它并不是一个定义明确的提示，也没有为对话提供明确的目的或焦点。

通过比较这些示例，你可以了解到制定有效的 ChatGPT 提示的原则。一个好的提示必须清晰、简明、相关，具有明确的目的和焦点，避免过于宽泛或个人化的内容，这样才能确保 ChatGPT 生成有用且相关的响应，使对话变得更加有趣、信息更加丰富。

一个编写有效的 ChatGPT 提示的技巧是"扮演"。你可以指定 ChatGPT 在对话中的角色并明确你想要的输出类型，以提供清晰的方向和指导。

同时，还要注意避免使用行话和模糊的话。使用简单、直接的语言并避免开放式问题，可以帮助 ChatGPT 提供相关且准确的响应。

请记住，ChatGPT 是一种工具。就像任何工具一样，它的有效性取决于使用它的人。遵循最佳实践，了解工具的能力和局限性，制定明确定义的提示，以帮助你充分利用 ChatGPT 并实现你的目标。

3.3.4 持续提升 Prompt 能力

下面介绍一些有助于进一步提升 ChatGPT 提示能力的建议。

❑ 多多练习。使用 ChatGPT 并尝试不同的提示，练习是提高自己技能的最佳方式。不断尝试，逐渐了解什么样的提示适用于什么样的情境和对话类型。

❑ 寻求他人反馈。请朋友或同事审查你的提示并提供建设性的反馈。这可以帮助你确定需要改进的方面并完善自己的技能。

❑ 学习他人的经验。在网上寻找成功的 ChatGPT 提示示例或向其他 ChatGPT 用户寻求建议和技巧。你也可以加入专门关注 ChatGPT 的在线社区或论坛，学习他人的经验并分享自己的经历。

❑ 尝试不同的风格和方法。不要害怕尝试新方法，看看哪种技巧或方法对于某些类型的对话更有效。尝试不同的提示方式，以寻找适合你的风格和技巧。

❏ 了解 ChatGPT 和人工智能领域的最新进展。随着技术的不断进步，ChatGPT 的功能也将不断发展。通过了解最新进展，你可以确保使用最佳技巧和方法来制定 ChatGPT 提示，从而使对话更加有趣、信息更加丰富。

3.4　ChatGPT 提示词高级指南

ChatGPT 是一种基于 GPT-3.5 架构的大型语言模型，它具有多种高级玩法。其中，上下文学习（In-Context Learning，ICL）是一种特殊的学习方式，它能够在理解上下文的情况下生成更加准确和自然的回复。通过分析输入的前后文，ChatGPT 可以更好地理解输入的意思，从而提高生成回复的质量和准确度。

另一个高级玩法是思维链（CoT），它可以让 ChatGPT 在处理多个问题时保持一致的思路。通过建立问题之间的联系，ChatGPT 能够更好地理解问题的背景和上下文，从而更好地回答问题。

最后一个高级玩法是自洽性（Self-Consistency），它是指 ChatGPT 在生成回复时能够保持一致性和逻辑性。这种技术可以使 ChatGPT 生成更加自然和流畅的回复，避免出现逻辑矛盾和语义错误。

这些高级玩法的组合使得 ChatGPT 成为一个功能强大、智能高效的语言模型，能够应对各种自然语言处理的任务和挑战。它可以被应用于机器翻译、智能客服、智能对话系统、问答系统等多个领域，为人类带来更加便捷和高效的交互体验。下面我们就带大家熟悉这些高级玩法。

3.4.1　上下文学习

ICL 是一种新的机器学习范式。它是指在不更新模型参数的情况下，只需在输入中加入几个示例，就能让模型进行学习。这种学习方式可以帮助机器更好地理解上下文，从而提高模型的准确性和可靠性。

ICL 的应用场景非常广泛，例如在情感分析任务中，只需加入一些具有代表性的样本，就能让模型自动学习情感表达的规律。这种学习方式具有高效、快速的优点，不需要对整个模型进行重新训练，大大减少了计算和时间成本。

以下是一个很好的例子，通过给出例子，ChatGPT 能够更加准确地判断句子情感。

这部电影的视觉效果非常出色，场景非常逼真，让我感觉像是置身其中。【正面】

该电影的剧情缺乏创意，而且角色表现很平淡，给人感觉很无聊。【负面】

主演的表演非常出色，情感细腻，让我深深感受到了角色的内心世界。【正面】

这部电影的音乐非常动听，与情节相得益彰，给人带来了非常愉悦的观影体验。【正面】

整个故事情节铺垫得非常好，每个细节都很用心，令人不断想要看下去。【正面】

对于这部电影，我觉得它太沉闷了，情节发展得太慢了，让我很失望。【负面】

该电影的特效制作非常精细，令人惊叹。每个细节都非常精致，让人无法分辨哪些是真实，哪些是特效。【正面】

整部电影的氛围非常压抑，让我感到有些不适，但同时也使得故事更加引人入胜。【中性】

整体来看，这部电影的表现一般，没有太大亮点，但也不至于糟糕到无法接受。【中性】

判断以下电影评论的情感。

该电影的配乐虽然很不错，但是情节安排很松散，给人感觉不够连贯，让人有些疑惑。

3.4.2　思维链

思维链（CoT）是指一个人思考时思路中的一系列连续想法或思维步骤。这些思维步骤通常是由一个主题或问题引发的，每个步骤都是在前一个步骤的基础上发展和扩展出来的。

例如，你在思考一个特定的问题或主题，你的思维链可能如下所示。

你开始思考这个问题的背景和原因。

然后你考虑这个问题的各种可能的解决方案。

接下来，你会分析每个解决方案的优点和缺点，以及它们的潜在影响。

最后，你会选择一个解决方案，并考虑实施它所需要的步骤。

这个思维链代表了你的思考过程，它显示了你是如何从问题的最初阶段开始，一步步深入思考和分析的。

迁移到 ChatGPT 上来，CoT 提示是一项用于提升大型语言模型的推理能力的技巧。它其实属于上下文学习的一个变种，通过提示模型生成一系列推理步骤来解决多步骤问题。研究表明，CoT 技术可以显著提高模型在数学、常识和推理等方面的准确性，应用该技术使得模型能够将多步骤问题分解成中间步骤，进而更好地理解和解决问题。

以下就是一个例子：在先给出例子之后，加上"让我们逐步思考"这个提示词，ChatGPT 往往就能给到准确的回答。

❓ Prompt：

Q：Wendy 在 Facebook 上上传了 45 张照片。她把 27 张照片放在一个相册中，把其余的照片放在 9 个不同的相册中。每个相册里有多少张照片？

A：让我们逐步思考。首先，我们知道 Wendy 总共上传了 45

张照片。其次，我们知道 Wendy 把 27 张照片放在了一个相册中。这意味着 Wendy 把剩下的 18 张照片分别放在了 9 个不同的相册中。这意味着每个相册会有 2 张照片。答案是 2。

Q：在万圣节，Katie 和她的姐姐合并了她们收到的糖果。Katie 有 8 颗糖果，而她的姐姐有 23 颗糖果。如果她们第一晚吃了 8 颗糖果，那么她们还剩下多少颗糖果？

A：让我们逐步思考。

🔷 回答：

首先，我们知道 Katie 有 8 颗糖果，她的姐姐有 23 颗糖果，总共有 31 颗糖果。

然后，我们知道她们第一晚吃了 8 颗糖果。那么，她们还剩下 31 – 8＝23 颗糖果。

所以，她们还剩下 23 颗糖果。答案是 23。

3.4.3　自洽性

大语言模型的思维链推理能力可以通过融合自洽性来实现。自洽性解码策略使用少量样本 CoT 提示来采样多个多样化的推理路径，并生成多个候选句子。然后，该策略会评估每个候选句子与先前生成的句子的相似度，并选择最相似的句子作为下一个句子，以提高推理的准确性。这种方法可以在数学和常识推理任务中提高思维链提示的准确性，并已经被最近的研究证明有效。因此，自洽性是一种很有用的解码策略，可以显著提高大语言模型的思维链推理能力。

❓ Prompt：

Q：园丁们计划在树林里种植树木，种完后树林里会有 21 棵树。那么园丁们今天种了多少棵树？

　　A：一开始树林里有 15 棵树，之后园丁们种植了树木，使树林里的树木数量增加到 21 棵。因此，园丁们今天种植的树木数量就是 21 棵减去 15 棵，即 21-15 ＝ 6 棵。答案是 6。

　　Q：停车场里有 3 辆汽车，又来了 2 辆汽车，那么停车场里现在有多少辆汽车？

　　A：停车场里原本已经有 3 辆汽车，又来了 2 辆汽车，因此现在停车场里的汽车数量就是 3 辆加上 2 辆，即 3 ＋ 2 ＝ 5 辆。答案是 5。

　　Q：莉娅有 32 块巧克力，她的妹妹有 42 块巧克力。如果她们吃掉了 35 块巧克力，那么她们现在还剩下多少块巧克力？

　　A：莉娅有 32 块巧克力，她的妹妹有 42 块巧克力，这意味着她们原本一共有 32 ＋ 42 ＝ 74 块巧克力。如果她们吃掉了 35 块巧克力，那么现在她们还剩下 74-35 ＝ 39 块巧克力。答案是 39。

　　Q：詹森有 20 个棒棒糖，他把一些棒棒糖给了丹尼后，只剩下 12 个棒棒糖了。詹森给了丹尼多少个棒棒糖？

　　A：詹森原本有 20 个棒棒糖，因为他现在只剩下 12 个棒棒糖，所以他肯定把剩下的棒棒糖都给了丹尼。他给丹尼的棒棒糖数量一定是 20 减去 12，即 20-12 ＝ 8 个棒棒糖。答案是 8。

　　Q：当我 6 岁时，我的妹妹只有我的一半年龄。现在我 70 岁了，我的妹妹多大了？

回答：

　　当你 6 岁时，你妹妹的年龄是 3 岁（你的年龄的一半）。现在你 70 岁了，经过 64 年的时间，你妹妹的年龄应该是 3 ＋ 64 ＝ 67 岁。因此，现在你妹妹应该是 67 岁。答案是 67 岁。

当然随着大语言模型的能力不断增强，很多之前需要用到以上技巧才能解决的问题慢慢也都被解决了，但是这些技巧依旧有它们的意义。比如，在遇到模型回答不出问题或者在它不熟悉的领域，我们就可以通过这些技巧解决问题。

第 4 章 *Chapter 4*

程序设计与开发的 Prompt 技巧和案例

程序设计与开发具有如下特点。

❑ 逻辑性：代码具有较强的逻辑性，要求以一系列解决问题的清晰指令，用系统的方法描述解决问题的策略。也就是说，代码能够对一定规范的输入，在有限时间内获得所要求的输出。相比自然语言的多义性和模糊性，逻辑性对AIGC 工具来说是一把双刃剑——一方面，逻辑性意味着对模型的强约束；另一方面，逻辑性意味着容错率低，对模型的要求更高了。

❑ 模块化：通常代码想要切分为各个模块，将不同的模块写入不同的文件中，在主文件中使用时进行调用。代码模块化可以减少主文件中的代码量，使思路清晰地展现在读者眼前。同时，各个模块只实现最小功能，可以方便地进行单元测试，找到有问题的模块。

❑ 重复性：由于代码具有模块化特点，因此也具有很多重复性的工作，通常我们称之为"重复造轮子"。这个特性也使得 AIGC 工具对代码生成游刃有余。

除了 ChatGPT 和 GPT-4 在线聊天环境，GitHub Copilot X 也是一个常用的基于 GPT-4 的代码补全工具，它可以通过聊天和语音与程序员交互，提供代码建议、文档、测试、部署等功能。它还可以集成到 VS Code 等常用的代码编辑器中。此外，GPT-4 Tutor 是一个基于 GPT-4 的编程教学平台，它可以根据用户的水平和兴趣，提供个性化的编程课程和练习，以及实时的反馈和指导。

本章将从代码的生成、调试、评审、迁移和架构以及如何学习新技术这些角度，展开介绍如何使用 AIGC 工具辅助程序设计与开发，提升程序员的生产效率。由于篇幅所限，在本章的例子中，不重要的或者修改后和修改前一致的代码均采用省略号代替。

4.1 从"螺丝"到"火箭"：代码的局部优化和整体生成

用一个代码从业者的笑话来说，修改局部代码是"拧螺丝"，主导整个代码项目是"造火箭"。ChatGPT 在这一大一小两个方面都能起到良好的作用。在这一节，我们分四个部分，从代码检查和校对、代码自动补全等局部修改功能，到代码生成、解决复杂问题等整体生成功能，对 ChatGPT 在写代码方面的能力进行介绍。

4.1.1 代码检查和校对

自动生成代码由来已久，最开始，Copilot 等工具只是集成了 GitHub 上海量的代码片段，以搜索的方式呈现给用户。有开发经验的读者一定能体会到，直接阅读给定的代码并不是件轻松的事情。当代码漏洞多、可读性差的时候，读懂并修改使用其实比自己写还要慢，如果直接照搬又容易留下隐患。

　　ChatGPT 能够对代码（无论是它自己生产的，还是用户提交的）进行检查和校对，通过分析程序代码，发现程序中存在的错误，并给出修改建议，保证生产的代码具有健壮性和可靠性。

　　值得注意的是，给 ChatGPT 发送关于代码的问题时，代码可以用 "```" 符号括起来，以方便机器区分代码部分。下面我们用一段简单的代码测试一下 ChatGPT 对代码的检查能力。在第一轮问答中，我们给的 Prompt 主要包含的是代码函数主体，它首先指出了错误的原因，并且给出了修改方法。值得注意的是，它提出了更符合 Python 风格的列表推导式的写法。在第二轮问答中，Prompt 指定了采用的语法，可以看到，它完美地解决了这个问题。

❓ Prompt：

下面这段代码的错误是什么？

```python
def triangle(n=20):
    for i in range(n):
        for i in range(i):
            print(i, end=' ')
        print()
```

💬 回答：

　　这段代码的错误是在嵌套的 for 循环中使用了相同的变量 i。在 Python 中，for 循环的变量有函数范围的作用域，这意味着如果两个变量在同一个作用域中有相同的名字，它们实际上是一个变量。因此，当您在内部循环中使用 i 时，它会覆盖外部循环中 i 的值，导致输出不符合预期。

　　为了避免这个错误，您可以使用不同的变量名来区分内外循环，例如 j 和 k。或者，您可以使用列表推导式来简化代码。

? Prompt：

那请你修改这段代码，用列表推导式的方法。

⑨ 回答：

修改后的代码如下：

```python
def triangle(n=20):
    for i in range(n):
        print(' '.join([str(j) for j in range(i)]))
        print()
```

上面只是一个简单的入门例子。下面我们通过两轮对话让 ChatGPT 改进自己的代码。

? Prompt：

写一段 Python 代码，接收用户输入并添加到 SQL 数据库中。

⑨ 回答：

```python
import sqlite3
conn = sqlite3.connect('database.db')
c = conn.cursor()
c.execute('''CREATE TABLE IF NOT EXISTS users (name text,
    age integer)''')
name = input('Enter your name: ')
age = input('Enter your age: ')
c.execute('INSERT INTO users (name, age) VALUES (%s, %s)'
    % (name, age))
conn.commit()
conn.close()
```

? Prompt：

上述这段代码有处理 SQL 注入吗？

🔘 **回答：**

很好的提问！上述代码没有对 SQL 注入做任何处理，这是一个安全隐患。

SQL 注入是在将用户输入直接拼接到 SQL 语句中执行时可能出现的安全问题。比如用户输入：

名字：John

年龄：'; DELETE FROM users; --

那么执行的 SQL 语句就是：

```
INSERT INTO users (name, age) VALUES ('John', '; DELETE
    FROM users; --');
```

这会先插入 John 的记录，然后执行 DELETE 语句删除 users 表的所有数据！

为了处理 SQL 注入，我们需要对用户输入进行校验和转义。修复后的代码如下：

```python
……
name = conn.escape_string(name)       #转义特殊字符
age = conn.escape_string(age)         #转义特殊字符
c.execute('INSERT INTO users (name, age) VALUES (?, ?)',
    (name, age))                      #使用参数化语句
conn.commit()
conn.close()
```

我们做了两处修改。这样，即使用户输入恶意内容，也不会影响 SQL 语句的正确执行，处理了 SQL 注入攻击问题。

在这个例子中我们可以看出，虽然使用 ChatGPT 等工具可以提高写代码的效率，但并不意味着使用者不再需要深究技术细节了。事实上，只有在对技术细节相当熟悉的情况下，才能使用 ChatGPT 等工具又快又好地写出代码。

4.1.2 代码自动补全

ChatGPT 可以利用代码库或互联网资源，推荐出最合适的代码片段，帮助程序员节约编写时间。如下面的例子，我们给出类名和函数名，并给出各个函数的功能，ChatGPT 就能补全所有代码。此外，我们可以提出使用广播机制来节省循环和条件判断的时间，指示 ChatGPT 做相应的修改。请注意，限于篇幅，笔者编辑的时候删掉了部分浅显的注释。

❓ Prompt：

补全下面的 kNN 类，不使用 sklearn，使用 find_nn 方法找到一个样本点的 k 个近邻，根据多数投票预测该样本的类别。

```python
class kNN:
    def __init__(self, k=3):
    def fit(self, X_train, y_train):
    def predict(self, X_test):
    def find_nn(self, x):
    def vote(self, neighbors):
```

回答：

```python
class kNN:
    def __init__(self, k=3):
        self.k = k

    def fit(self, X_train, y_train):
        self.X_train, self.y_train = X_train, y_train

    def predict(self, X_test):
        y_pred = []
        for x in X_test:
            neighbors = self.find_nn(x)
            label = self.vote(neighbors)
            y_pred.append(label)
        return y_pred
```

```
def find_nn(self, x):
#定义find_nn方法，找到一个样本点的k个近邻
    distances = []
    #创建一个空列表，用于存储距离和标签
    for i in range(len(self.X_train)):
    #遍历训练集中的每个样本
        d = np.sqrt(np.sum((x - self.X_train[i])**2))
        distances.append((d, self.y_train[i]))
        #将距离和标签作为元组添加到列表中
    distances.sort(key=lambda x: x[0])
    return [d[1] for d in distances[:self.k]]

def vote(self, neighbors):
#定义vote方法，根据多数投票决定预测类别
    counts = {}
    for n in neighbors:
        if n in counts:
            counts[n] += 1
        else:
            counts[n] = 1
    return max(counts, key=counts.get)
```

❓ Prompt：

你给我的代码中，find_nn 采用遍历的计算方法，能不能使用向量化的计算方法来节省运行时间？

🌀 回答：

是的，可以使用向量化的计算方法来节省运行时间。向量化的计算方法可以利用 NumPy 的广播机制，一次性计算新样本与训练集中所有样本的距离，而不需要遍历每个样本。这样可以减少循环和条件判断的时间，提高代码效率。

为了使用向量化的计算方法，你需要修改 find_nn 方法的代码，如下所示：

```python
def find_nn(self, x):
    x = np.tile(x, (len(self.X_train), 1))
    d = np.sqrt(np.sum((x - self.X_train)**2, axis=1))
```

```
    idx = np.argsort(d)
    return [self.y_train[i] for i in idx[:self.k]]
```

4.1.3　代码生成

为了提高开发效率，ChatGPT 可以协助自动生成代码。常用的 Prompt 包括：使用某个特定函数实现某项功能、使用某种算法实现某项功能、不使用某个函数或者算法实现功能，等等。举例如下。

❓ Prompt：

能不能不使用 atomicAdd 实现累加？

回答：

不使用 atomicAdd 实现累加的方法有很多，具体取决于你的需求和场景。一种可能的方法是使用 compare-and-swap，这是一种原子操作，可以用来实现任意的原子操作。compare-and-swap 的原理是，给定一个地址、一个旧值和一个新值，如果地址中的值等于旧值，就用新值替换它，否则不做任何操作。你可以用这个操作来实现累加，例如：

```c
__device__ void atomicAddCAS(int* address, int val) {
    int old = *address;
    int new = old + val;
    while (atomicCAS(address, old, new) != old) {
        old = *address;
        new = old + val;
    }
}
```

4.1.4　解决复杂问题

在实际生产过程中，开发者经常面对复杂的场景。这种复杂性形成的原因通常有两类。

第一，业务逻辑不断调整。此时，边界条件容易增多，分支判断容易变得臃肿。单纯靠人工在这种代码中找到问题并非易事，ChatGPT 却显得颇为游刃有余。以倒计时功能为例，在初始代码中，笔者将这个简单的功能复杂化，把漏洞藏得比较深，让 ChatGPT 纠错并简化这个代码。

? Prompt：

我希望这段代码根据输入起到倒计时的作用，它虽然能运行，但是功能有错误，倒计时到 01:00:59 之后跳到了 00:59:59，帮我修改代码。

```python
import time

def clean(second, minute, hour):
    print("%s:%s:%s" % (str(hour).zfill(2), str(minute).
        zfill(2), str(second).zfill(2)))

def count(second, count_minute, count_hour):
    time_count = int(second) + int(count_minute) * 60 +
        int(count_hour) * 3600
    for i in range(time_count, -1, -1):
        if second == 0 and count_minute == 0 and count_
            hour == 0:
            clean(second, count_minute, count_hour)
            break
        elif second != 0:
            second -= 1
        elif second == 0:
            count_minute -= 1
            second = 59
            if count_minute == 0 and count_hour > 0:
                clean(second, count_minute, count_hour)
                count_hour -= 1
                count_minute = 59
        clean(second, count_minute, count_hour)
    time.sleep(1)
count(0, 1, 1)
```

🅖 回答：

您的代码有一个逻辑错误，就是当秒数为 0 时，代码没有检查分钟数是否也为 0，而是直接减去 1。这样会导致倒计时跳过00:00:00，从 01:00:59 变成 00:59:59。

您可以添加一个判断条件，如果分钟数和小时数都为 0，就不要再减去 1，而是直接跳出循环，这样就可以避免这个问题。修改后的代码为：

```python
......
def count(second, count_minute, count_hour):
    time_count = int(second) + int(count_minute) * 60 +
        int(count_hour) * 3600
    for i in range(time_count, -1, -1):
        if second == 0 and count_minute == 0 and count_
            hour == 0:
            clean(second, count_minute, count_hour)
            break
        elif second != 0:
            second -= 1
            elif count_minute != 0 and second == 0:
            count_minute -= 1
            second = 59
        elif count_hour != 0 and count_minute == 0 and
            second == 0:
            count_hour -= 1
                count_minute = 59
                second = 59
        clean(second, count_minute, count_hour)
        time.sleep(1)
```

第二，多种技术问题交织。比如在机器学习应用过程中，为了处理多种来源的数据，通常需要综合各种技术手段。值得注意的是，用户首先要对该场景下的问题掌握得较为透彻，知道哪些难点需要打通。不然，得到的也不会是个好的方案。对比如下两个例子。

❓ Prompt：

给我一个提取 PDF 中文字的方案。

回答：

可以使用 OpenCV 和 PyPDF2 两个库来提取 PDF 中的文字。以下是基本的步骤：

1）使用 PyPDF2 打开 PDF 文件并提取每一页作为图像。

```python
import PyPDF2

pdf = PyPDF2.PdfFileReader('yourfile.pdf')
pages = []
for page_num in range(pdf.getNumPages()):
    page = pdf.getPage(page_num)
    page.rotateClockwise(90)    #可选,旋转90度
    pages.append(page)
```

2）使用 OpenCV 对每一页图像进行文本检测和提取。

```python
import cv2
import numpy as np

text = []
for page in pages:
    #从PyPDF2的page对象获取图像
    page_image = np.array(bytearray(page.extractText()),
        dtype=np.uint8)
    page_image = page_image.reshape((page.mediaBox[2],
        page.mediaBox[3], 3))
    page_image = cv2.cvtColor(page_image, cv2.COLOR_
        RGB2BGR)

    #进行文本检测和提取
    text_detect = cv2.text.getTextDetectionCNN(page_image)
    text_parser = cv2.text.TextDetectionParser()
    text_regions = text_parser.parse(text_detect, page_
        image)
```

```
    for region in text_regions:
        text.append(region.text)
```

3）合并所有的文本并返回。

```python
full_text = ' '.join(text)
return full_text
```

上面的例子中，ChatGPT 给出的方案存在如下问题。

❑ PDF 的版式多样，直接对每一页提取文字容易打乱顺序。

❑ 并非所有 PDF 的文字提取都需要通过 OCR（Optical Character Recognition，光学字符识别）来解决，有的 PDF 可以直接通过解析文本框得到其中的文字。

为了获得更好的解决方案，我们修改指令，让 ChatGPT 更能理解这个场景。

❓ Prompt：

给我一个提取 PDF 中文字的方案，这些 PDF 既有影印版，又有文字版本，版式比较灵活，我希望最后提取出来的文字断句正常，而且比较符合人类对 PDF 的阅读顺序。

✺ 回答：

您可以尝试以下方案：

1）使用 pytesseract 工具提取 PDF 中的文字。pytesseract 是一个 OCR 工具，可以识别 PDF 中的文字内容。

2）使用 PDFMiner 工具分析 PDF 的结构，检测文字块和读取顺序。PDFMiner 可以分析 PDF 的页码、文字块、读取顺序等结构信息。

3）结合上述两者，先使用 PDFMiner 分析 PDF 结构，获取每个页面的文字块和读取顺序，然后使用 pytesseract 对每个文字块进行 OCR 操作，识别文字内容。

4）在识别文字内容后，进行断句和重构。可以在识别出来的文字之间插入适当的间隔和换行符，让它看起来更加符合人类阅读的节奏和逻辑。

5）最后输出结果，按照页面顺序和文字块的读取顺序输出识别后的文本内容。

具体实现可以参考以下代码：

```python
import pytesseract
from pdfminer.pdfinterp import PDFResourceManager,
    PDFPageInterpreter
from pdfminer.converter import TextConverter
from pdfminer.layout import LAParams
from pdfminer.pdfpage import PDFPage

#解析PDF并获取每个页面的文字块
resource_manager = PDFResourceManager()
output_strings = []
output_info = []
laparams = LAParams()

for page_no, page_content in enumerate(PDFPage.get_
    pages(pdf_path, caching=True, check_extractable=True)):
    page_text = ''
    interpreter = PDFPageInterpreter(resource_manager,
        TextConverter(resource_manager, output_strings,
        laparams=laparams))
    interpreter.process_page(page_content)

    #使用pytesseract识别每个文字块
    page_info = {}
    for text in re.split(r'\n\s*\n', output_ strings
        [page_no]):
        if text.strip():
            page_info[text] = pytesseract.image_to_
                string(text)

    #处理空格和换行，使文字断句更加自然
    for k, v in page_info.items():
        v = re.sub(r'([!.?;:]+)(\s+)([A-Z])', r'\1\n\3', v)
        v = re.sub(r'([?.!;:]{1})(\s*)([A-Z]{1})', r'\1\n
```

```
                \3', v)

    output_info.append(page_info)
    output_strings = []    #清空字符串缓存

#按读取顺序输出结果
result = ''
for page in output_info:
    for text in sorted(page):
        result += page[text] + '\n\n'

with open('result.txt', 'w') as f:
    f.write(result)
```

4.2 代码评审

如何在实现快速交付的同时保证代码质量一直是技术团队反复探讨的话题之一。

一个团队的代码质量可以通过 3 个维度来度量：代码的缺陷情况、代码的风格一致性和代码的可读性。这 3 个方面分别要求团队交付的代码具备完整的单元测试、风格约束和良好的注释文档。ChatGPT 在这 3 个方面都能够发挥重要的作用。

4.2.1 编写单元测试

代码缺陷小则引发线上故障，影响业务正常运行，大则可能给企业造成重大经济损失，甚至使企业信用受损。为了在交付之前消灭代码缺陷，完整的单元测试必不可少。编写单元测试是重复性较高的工作，且要写较多的注释，以解释每个测试的测试目的。ChatGPT 在这方面表现得游刃有余。请看下面的例子。

❓ Prompt：

我要写一个网站注册的函数 register(name)，实现与用户数据库的校验，如果用户数据库中没有这个用户则可以成功添加，但是如果用户数据库中有这个用户，则返回失败并提示用户更换一个用户名。请帮我编写完整的单元测试。

回答：

Python 有一个内置的单元测试框架，叫作 unittest，它基于 Java 的 JUnit 框架。您可以使用 unittest 来编写和运行单元测试，unittest 支持一些重要的概念，例如测试用例（test case）、测试套件（test suite）、测试运行器（test runner）等。

为了编写一个单元测试，您需要先导入 unittest 模块，然后创建一个继承自 unittest.TestCase 的类，这个类就是一个测试用例。在这个类中，您可以定义一些以 test_ 开头的方法，这些方法就是具体的测试函数。每个测试函数都应该使用 assert 语句来检查代码的输出是否符合预期。

```python
import unittest
from register import register
#假设您的注册函数在register.py文件中
class TestRegister(unittest.TestCase):
    def setUp(self):
        self.user_db = ["Alice", "Bob", "Charlie"]
        #假设这是用户数据库

    def test_register_success(self): #测试注册成功的情况
        name = "David"                #假设这是用户输入的名字
        result = register(name)       #调用注册函数
        self.assertTrue(result)       #检查结果是不是True
        self.assertIn(name, self.user_db)
        #检查用户数据库是否添加了这个名字

    def test_register_fail(self):#测试注册失败的情况
        name = "Alice"                #假设这是用户输入的名字
        result = register(name)   #调用注册函数
        self.assertFalse(result)  #检查结果是不是False
        self.assertEqual(len(self.user_db), 3)
        #检查用户数据库是否没有变化

if __name__ == "__main__":
```

```python
    unittest.main()  #运行所有的测试函数
```

4.2.2 风格约束

在团队协作开发的项目中，统一的代码风格可以提高代码可读性，降低理解难度，从而在代码评审和后续迭代中方便审查和维护，避免无谓的争议。

？ Prompt：

将函数从面向过程的风格改写为面向对象的风格：

```python
player_name = 'player1'    #定义玩家属性
player_hp = 100
player_atk = 50

monster_name = 'monster1' #定义怪物属性
monster_hp = 200
monster_atk = 30

monster_hp = monster_hp - player_atk
player_hp = player_hp - monster_atk
if player_hp <= 0:
    print(player_name + ' died!')
elif monster_hp <= 0:
    print('Monster ' + monster_name + ' died!')
```

回答：

```python
定义玩家类
class Player:
    def __init__(self, name, hp, atk):
        self.name = name
        self.hp = hp
        self.atk = atk

    def attack(self, monster):
```

```
        monster.hp = monster.hp - self.atk

    def __str__(self):
        return self.name + ': ' + str(self.hp) + ' hp'

#定义怪物类
class Monster:
    def __init__(self, name, hp, atk):
        self.name = name
        self.hp = hp
        self.atk = atk

    def attack(self, player):
        player.hp = player.hp - self.atk

    def __str__(self):
        return self.name + ': ' + str(self.hp) + ' hp'

#实例化玩家和怪物
player = Player('player1', 100, 50)
monster = Monster('monster1', 200, 30)

#循环攻击
while True:
    player.attack(monster)
    if monster.hp <= 0:
        print(monster.name + ' died!')
        break

    monster.attack(player)
    if player.hp <= 0:
        print(player.name + ' died!')
        break
```
```

## 4.2.3  代码注释与文档

出于赶工期或者觉得不必要的原因，开发者经常省略必要的注释和文档，使得代码的可读性较差。可读性差则维护成本高，修改相关模块代码无异于"埋雷"，一不小心就会"炸"，不利于大型项目的管理。Google 最早引入代码评审的初衷就是保证代码具有良好的可读性，并将其中的可读性评审沿用至今。
```

有了 ChatGPT 等工具，添加注释已经变得非常方便。添加注释时，你可以仅提供完整的代码，因为 ChatGPT 有足够的能力读懂它并给出注释和文档。如果你觉得自己的代码比较复杂，可以简单描述它的输入参数和核心功能。举例如下。

❓ Prompt：

下面这段代码实现的是训练并保存模型的功能，请对代码行添加必要的注释，并形成文档，告诉有可能使用这个脚本的人应该怎样准备数据、训练自己的模型。

```python
……
class SummarizationDataset(Dataset):
    def __init__(self, filepath):
        self.summaries, self.texts = [], []
        for line in open(filepath):
            text, summary = line.strip().split('\t')
            self.texts.append(text)
            self.summaries.append(summary)
    def __len__(self): ……
    def __getitem__(self, idx): ……

class Summarizer(nn.Module):
    def __init__(self, hidden_dim, emb_dim, vocab_size):
        ……
    def forward(self, text): ……

def train(model, optim, train_loader):
    model.train()
    for text, summary in train_loader: ……

dataset = SummarizationDataset('data.txt')
train_size = int(0.8 * len(dataset))
val_size = len(dataset) - train_size
train_set, val_set = torch.utils.data.random_split
    (dataset, [train_size, val_size])
train_loader = DataLoader(train_set, batch_size=64,
    shuffle=True)
val_loader = DataLoader(val_set, batch_size=64)

model = Summarizer(256, 64, 10000)
```

```
optim = optim.Adam(model.parameters())
for epoch in range(10):  #训练10个epoch
    train(model, optim, train_loader)
torch.save(model.state_dict(), 'model.pth')
```

回答：

这段代码训练并保存文本摘要模型，使用方法如下。

数据准备：需要准备包含 text 和 summary 的数据，文本之间用 \t 分隔，然后将数据保存为 data.txt。

模型训练：运行脚本，得到保存好的模型。

模型使用：加载模型参数 state_dict，对新输入的文本进行预测，生成摘要。

此外，我们建议用户指示 ChatGPT 在文档中向其他新手解释代码的设计理念和一些考量，尤其是当这些考量涉及不同方案的优缺点的比较与折中的时候。下面的例子是 Redis 数据库的源代码，Redis 采用了渐进式 rehash 的方法对数据表进行扩容。这种设计方法要求 Redis 对数据表进行增、删、查、改时都进行相应的改动。ChatGPT 在对查找函数进行注释的时候，充分地考虑到了这背后的原因。

Prompt：

以下是在哈希表中查找插入位置的源代码，请为这段代码添加必要的注释，并对 rehash 过程的设计进行说明，方便后续其他人对此代码进行维护。

```c
void *dictFindPositionForInsert(dict *d, const void *key,
    dictEntry **existing) {
    unsigned long idx, table;
    dictEntry *he;
    uint64_t hash = dictHashKey(d, key);
```

```
    if (existing) *existing = NULL;
    if (dictIsRehashing(d)) _dictRehashStep(d);

    if (_dictExpandIfNeeded(d) == DICT_ERR)
        return NULL;
    for (table = 0; table <= 1; table++) {
        idx = hash & DICTHT_SIZE_MASK(d->ht_size_exp
            [table]);
        he = d->ht_table[table][idx];
        while(he) {
            void *he_key = dictGetKey(he);
            if (key == he_key || dictCompareKeys(d, key,
                he_key)) {
                if (existing) *existing = he;
                return NULL;
            }
            he = dictGetNext(he);
        }
        if (!dictIsRehashing(d)) break; //如果不在rehash,
                                           则直接返回
    }

    dictEntry **bucket = &d->ht_table[dictIsRehashing(d)
        ? 1 : 0][idx];
    return bucket;
}
```

🔵 **回答:**

　　哈希表的 rehash 过程是渐进的，在进行其他操作（比如查找插入位置等）时渐进地将节点从旧表迁移至新表，最终使用新表替换旧表。查找插入位置，如正在进行 rehash 操作时，返回新表（即表 1）的插入位置，否则返回旧表（即表 0）的插入位置。

```c
//查找键key在哈希表d中的插入位置
void *dictFindPositionForInsert(dict *d, const void *key,
    dictEntry **existing) {
    unsigned long idx, table;
    dictEntry *he;
    uint64_t hash = dictHashKey(d, key);
    if (existing) *existing = NULL;
```

```
    if (dictIsRehashing(d)) _dictRehashStep(d);
    //如果rehash操作没有结束，则进行一次rehash操作
        if (_dictExpandIfNeeded(d) == DICT_ERR)
            return NULL;
    for (table = 0; table <= 1; table++) {
        idx = hash & DICTHT_SIZE_MASK(d->ht_size_
            exp[table]);
        he = d->ht_table[table][idx];
        // he指向该索引位置的链表的header entry
        // 遍历链表，如果找到相同key的entry，则设置existing，并返回
        while(he) {
            void *he_key = dictGetKey(he);
            if (key == he_key || dictCompareKeys(d,
                key, he_key)) {
                if (existing) *existing = he;
                return NULL;
            }
            he = dictGetNext(he);
        }
        if (!dictIsRehashing(d)) break;
    }
    // bucket指向表0或表1中应该插入的位置
    dictEntry **bucket = &d->ht_table[dictIsRehashing(d)?
        1 : 0][idx];
    return bucket;
}
```

4.3　迁移与架构

架构师是"程序猿"中的"高阶猿"，对于这类需要具备全局观的工作，AIGC 也能提供相当程度的辅助，包括设计协助（询问一些关于项目类型或材料应用的需求或者提供一些设计建议和创意）、成本估算（根据功能安排人员、排期和软硬件成本）等。举例如下。

❓ Prompt：

我想将 Linux 下 Python 2 的代码迁移到 Windows 下 Python 3 的代码，给出注意事项。

⑤ 回答：

你想做的代码迁移涉及两个方面，从 Python 2 迁移到 Python 3，以及从 Linux 迁移到 Windows。

从 Python 2 迁移到 Python 3，你可以使用 2to3 工具，它可以自动将 Python 2 的语法转换为 Python 3 的语法。从 Linux 迁移到 Windows，你可能需要考虑一些平台相关的问题，例如文件路径、编码、换行符、环境变量等。

在复杂系统需求下，我们需要在 Prompt 中明确身份、总体目标、细分目标和输出规范这四个部分。举例如下。

❓ Prompt：

从 IT 架构师的角度，给出将 CMS 集成到 IT 环境中的方法，包括业务需求分析、执行差距分析以及将新系统的功能映射到现有的 IT 环境。接下来的步骤是创建解决方案、确定物理网络蓝图、定义系统集成接口和部署环境蓝图。

⑤ 回答：

作为 IT 架构师，将 CMS 集成到 IT 环境中需要遵循以下步骤。

业务需求分析：首先，需要与业务部门合作，了解业务部门的具体需求，包括内容管理、发布流程、用户权限、多语言支持等。然后在此基础上，确定系统集成的目标和范围。

执行差距分析：接下来，需要评估现有 IT 环境与新系统的差距。这可能涉及技术差距、业务流程差距、数据集成差距等方面。根据这些差距，确定必要的改进和补救措施。

将新系统的功能映射到现有的 IT 环境：确定新系统需要与现有系统进行集成的功能和接口，以确保系统能够有效地协同工作。这可能涉及数据集成、身份验证、安全性、性能和可扩展性等方面。

创建解决方案：在确定了目标和范围、评估差距并映射功能之后，需要创建一个解决方案。这可能涉及系统架构设计、技术选型、系统功能设计、系统集成接口定义、数据模型设计等方面。

确定物理网络蓝图：确定系统部署所需的物理网络结构，包括服务器、存储、网络设备、安全设备等。这也需要考虑容错性、可用性和可维护性等方面。

定义系统集成接口：确定新系统需要与现有系统集成的接口，并确保它们能够无缝地协同工作。这可能涉及 API、消息队列、数据格式、协议等方面。

部署环境蓝图：确定系统部署所需的环境，包括操作系统、数据库、应用程序服务器、Web 服务器等。在此基础上，制订部署计划，并确保系统能够在不同环境中稳定运行。

综上所述，将 CMS 集成到 IT 环境中需要进行全面的分析和设计，并确保系统能够与现有系统无缝协同工作。这需要 IT 架构师与业务部门、系统管理员和开发人员密切合作，制订合适的计划并实施。

❓ Prompt：

我想把一个商业合同审查的系统代码进行迁移，并且与财务管理系统、法务系统和库存管理系统做对接，应该怎么做？

⑤ 回答：

你想做的代码迁移是一个复杂的项目，需要考虑很多因素。

首先，你需要评估你现有的合同审查系统的状态，找出它的不足之处，以及你想要实现的目标。

其次，你需要选择一个合适的合同管理软件，它可以帮助你导入、编辑、审批、存储和分析你的合同数据。

再次，你需要确保你选择的合同管理软件可以与你的财务管理系统、法务系统和库存管理系统进行有效的集成，以便实现数据的共享和协作。

最后，你需要制订一个详细的迁移计划，包括时间表、预算、责任分配、风险管理等，并且遵守相关的法律和道德原则。

这只是概述，具体的步骤可能会根据你的具体情况而有所不同。

4.4 速通新技术

曾经，"21 天精通 Python""一个月精通后台架构"等课程非常流行，但是这些书往往也是大部头，线上课程不能实时与教师沟通，使用上没有达到短期内迅速掌握的预期效果。现在，通过使用 ChatGPT 等工具，新手可以更快地掌握一门新技术。从原理到实践、从玩具代码到小型项目，ChatGPT 都能给出图文并茂、深入浅出的讲解。

以 Flutter 为例，Flutter 是一门为了适配各种客户端的前端界面而诞生的新语言。笔者作为一个没有接触过前端编程的人，尝试着通过 New Bing，得到关于 Flutter 的更多背景和学习曲线。下面是笔者的学习过程。

❓ Prompt：

对一个没有学习过前端基础的人来说，如何快速学习 Flutter？

🅖 回答：

Flutter 是一个开源的 UI 软件开发工具包，用于创建跨平台的应用程序[1][2]。要快速学习 Flutter，你可以参考以下建议：

❑ 了解 Flutter 的历史和发展方向 [1][2]，以及它的核心概念，如 widget[2][3] 和 rendering pipeline[1][2]。

❑ 跟随 Flutter 的官方教程 [2][3]，学习如何使用 Flutter 的布局机制，添加交互性，使用动画和主题等。

❑ 观看 YouTube 上的 Flutter 课程 [3][4]，从零开始构建一个完整的跨平台应用程序。

❑ 如果你没有前端基础，你可能需要学习一些原生知识，如 Android 的权限、获取目录、Gradle 相关知识等 [1][4]。

希望这些信息对你有帮助。

[1] https://www.zhihu.com/question/338226074 "学习 flutter 需要先学习安卓原生吗？- 知乎"。

[2] https://flutter.dev/learn "Learn - Flutter"。

[3] https://docs.flutter.dev/reference/tutorials。

[4] https://www.youtube.com/watch?v=VPvVD8t02U8. "Flutter Course for Beginners – 37-hour Cross Platform App ... - YouTube"。

❓ Prompt：

可以简单介绍一个 Flutter 的历史和发展方向吗？

⟲ 回答：

Flutter 是由 Google 创建的一个开源的 UI 软件开发工具包，它可以用单一的代码库开发出适用于 Android、iOS、Linux、macOS、Windows、Google Fuchsia 和 Web 的跨平台应用程序。Flutter 最早在 2015 年被描述，并于 2017 年 5 月正式发布。

Flutter 的核心思想是使用 widget 来构建 UI。widget 是一种可复用的 UI 组件，它可以响应用户输入和状态变化。Flutter 使用 Dart 语言来编写代码。Dart 是一种面向对象的编程语言，它支持热重载和热更新。

Flutter 的发展方向是成为一个全栈的应用开发框架，它不仅可以支持多种平台，还可以提供丰富的功能和组件，如动画、主题、测试、国际化等。

笔者最开始问的是一个比较宽泛的"如何快速学习"类型的问题，得到的回答包含四个方面。值得注意的是，它能够理解笔者没有前端基础，相应地给出"补课"建议，非常有条理。随后，笔者想要搞清楚它的历史和发展方向，这对于学习它和其他语言之间的关系很有帮助。它能够回答出 Flutter 的初衷是将各个前端语言进行统一。通过它的回答，笔者已经可以理解，Flutter 的出现是为了解决各种操作系统下的前端语言重复开发的成本问题，它的发展是为了减少应用开发者的工作量。紧接着，笔者通过它了解了基本的语法。

❓ Prompt：

Flutter 的基本语法是什么样的？

⑤ 回答：

Flutter 使用 Dart 语言来编写代码，所以 Flutter 的基本语法就是 Dart 的基本语法。Dart 是一种面向对象的编程语言，它支持类、继承、多态、泛型、异常处理等特性。

Dart 的基本语法包括以下内容：

- ❏ 变量和常量的声明和赋值，如 `var name = 'Bob';` 或 `final name = 'Bob';`。
- ❏ 数据类型的定义和转换，如 `int age = 18;` 或 `String ageString = age.toString();`。
- ❏ 运算符和表达式的使用，如 `a + b;` 或 `a == b;`。
- ❏ 控制流的结构，如 `if...else...;` 或 `for...in...;`。

- ❑ 函数的定义和调用，如 `void main() {...}` 或 `print('Hello');`。
- ❑ 类的声明和实例化，如 `class Person {...}` 或 `Person p = Person();`。
- ❑ 继承和多态的实现，如 `class Student extends Person {...}` 或 `Person p = Student();`。
- ❑ 泛型的使用，如 `List<String> names = ['Alice', 'Bob'];`。
- ❑ 异常处理的方法，如 `try {...} catch (e) {...}`。
- ❑ 异步编程的技巧，如 `Future<void> fetchUserOrder() async {...}` 或 `await fetchUserOrder();`。

❓ Prompt：

补全 Flutter 代码，实现上下左右四个键对贪吃蛇游戏的控制。

```dart
void _updateSnake()
```

回答：

我尝试了一下，给你一个可能的代码片段，你可以在你的代码中加入或修改它。请注意，这只是一个简单的示例，可能不是最优或最完善的解决方案，你可能需要根据你的具体需求和设计来调整或优化它。

```dart
void _updateSnake() {
    Direction currentDirection = _snake[0].direction;
    Offset nextPoint = _getOffsetPoint(_snake[0].point,
        currentDirection);

    //检查蛇头是否出界，或者蛇身碰撞
    bool isGameOver = _isGameOver(nextPoint);
    if (isGameOver) {
        _showGameOverDialog();
        _resetGame();
        return;
```

```
        }

        //检查蛇是否获得食物
        bool isEating = _isEatingFood(nextPoint);
        if (isEating) {
            setState(() {
                _score++;
                _generateNewFood();
            });
        }

        //除非获得食物，否则更新蛇，即头增加尾删除
        setState(() {
            _snake.insert(0, SnakeBody(point: nextPoint,
                direction: currentDirection));
            if (!isEating) {
                _snake.removeLast();
            }
        });
    }

    //根据当前位置和方向获取下一个位置
    Offset _getOffsetPoint(Offset point, Direction direction) {
        double dx = point.dx;
        double dy = point.dy;
        switch (direction) {
            case Direction.up:
                dy -= _snakeSize;
                break;
            case Direction.down:
                dy += _snakeSize;
                break;
            case Direction.left:
                dx -= _snakeSize;
                break;
            case Direction.right:
                dx += _snakeSize;
                break;
        }
        return Offset(dx, dy);
    }

    //检查游戏是否结束
    bool _isGameOver(Offset nextPoint) {
        //如果下一个点出界，则游戏结束
        it (nextPoint.dx < 0 ||
```

```
        nextPoint.dx > _screenWidth ||
            nextPoint.dy < 0 ||
            nextPoint.dy > _screenHeight) {
        return true;
    }

    //如果下一个点和蛇身碰撞, 游戏结束
    for (SnakeBody body in _snake) {
        if (body.point == nextPoint) {
            return true;
        }
    }

    return false;
}

//检查蛇是否正在获取食物
bool _isEatingFood(Offset nextPoint) {
    return nextPoint == _food.point;
}
```

在基本语法的基础上，笔者想要尝试应用开发，在这里构建一个贪吃蛇的 Android 应用程序。可以看到，它的输出符合语法，并且对于游戏结束、计分等规则有比较完善的考虑。

总的来说，Prompt 一般要包含对场景的简洁而准确的描述、对期望输出的规范的定义。进一步地，Prompt 中应该体现用户对程序设计与开发过程中可能存在的技术难点的提前思考，也应该体现用户对团队协作模式的灵活把握，这些其实与一个优秀程序员所必备的特质是一脉相承的。从这个意义上讲，ChatGPT 等工具不会取代人类的作用，而是在使用工具的过程中，激励用户不断进步。

第 5 章

设计行业的 Prompt 技巧和案例

相信有不少读者都觉得绘画等视觉艺术和视觉呈现的工作有难度。想想大家在玩"你画我猜"的时候,往往看着过于抽象的画一脸茫然;又或者在拍完照片想要修图的时候,多么想要"用嘴 P 图";再或者在接到甲方的修改需求的时候,多么想要快速响应但是却排期很满……这些情况,随着 AIGC 的浪潮袭来,已经从调侃变成了现实。

当然,使用 AIGC 工具把想法变成各种图的前提仍然是,我们的脑海里已经有某些轮廓而不是空无一物。

5.1 绘画创作

使用 AIGC 工具进行绘画创作的 Prompt 可以参照如下公式:主题内容 + 环境背景 + 构图镜头 + 参考风格 + 图像设定。下面分开阐述。

1. 主题内容

这部分最少应该包含主语、谓语和宾语，为了达到更加细致的效果，我们还可以加入准确的形容词和副词。图 5-1a 展示了"小狗在沙滩上玩小球"的例子，图 5-1b 中展示了"浅黄色柯基在宽阔的沙滩上跳起来玩小球"的例子。这里增加了三个有效信息，分别是狗的颜色和品种、狗的动作、沙滩的形容词，可以看到，图 5-1b 中增加了狗和球的互动性，同时沙滩背景的占比更大一些。

a)　　　　　　　　　　　　　　b)

图 5-1　Midjourney 生成关于小狗在沙滩上玩球的图（一）

2. 环境背景

这部分可以指定场景的氛围、背景和光感等。在图 5-2a 中，我们为上述例子增加指定背景和时间（原始 Prompt：一只浅黄色的威尔士柯基，玩绿色球，沙滩上，夕阳，有游客）。

3. 构图镜头

以前在拍照的时候，我们需要使用专业的相机，并且需要对不同场景的需求使用不同参数（例如光圈、快门等）。但是在 AIGC 工具中，我们不需要指定这些专业参数，只需要指定对应场景。图 5-2b 增加了"动作捕捉场景"，就可以达到使用摄影器材的效果。

a)   b)

图 5-2　Midjourney 生成关于小狗在沙滩上玩球的图（二）

4. 参考风格

以上例子都是比较写实的，在构造虚拟的图画（童书插画、创意广告等）时，我们需要指定创造的参考风格。图 5-3 展示了兔子在元宵节吃饺子的场景，图 5-3a 描述的是"一只兔子在元宵节吃饺子，背景使用夜晚和焰火的光"，图 5-3b 增加了使用 behance 合集风格，增加 3D 观感、插画风和细节。图 5-3b 在图 5-3a 的基础上增加了用于指定风格的提示，使得形象更加立体，更加偏向于插画风格，更加注重细节（- g5 是 Midjourney 中偏重细节的一个有效指令）。

可以看到，图 5-3a 的兔子由于红眼睛的刻板印象显得不符合节日的气氛（甚至偏向于日本诡异一派的动漫风格），图 5-3b 的兔子脸部体现出了立体感，形象更加可爱，同时，灯笼等物品体现出了不同的景深。

5. 图像设定

最后就是根据我们的使用场景，设定图像的尺寸、比例或者像素等。如果需要做海报，通常要调整纵横比，也要相应地将像素设置为双倍的清晰度。在图 5-4 的例子中，我们使用"--ar 16∶9"

调整图像的比例为 16∶9，使用"--q 2"调整像素为双倍于普通长宽的像素，得到的图像几乎已经可以直接用于主题海报或者广告宣传了。

a)　　　　　　　　　　　　　　b)

图 5-3　Midjourney 生成关于元宵节兔子的图（一）

图 5-4　Midjourney 生成关于元宵节兔子的图（二）

5.2　激发灵感

很多时候，创作者经常面临创意枯竭的局面，在这种情况下当然难以直接使用绘画生成工具来得到满意的作品。那么，不妨换个思路，先让 ChatGPT 为我们设计一套方案！举例来说，如果要以"未来城市"为主题创作绘画作品，我们首先让 ChatGPT 帮我们想象，未来城市这样的画作中应该包含什么元素。请看下面的对话：

❓ Prompt：

　　以"未来城市"为主题的绘画作品里面应该包含什么样的物品和元素呢？只给出回答，不用展开解释。

🌀 回答：

　　高楼大厦、飞行汽车、太阳能电池板、智能机器人、地铁高速、绿色植物、智慧城市管理、无人机、虚拟现实设备。

　　我们可以根据 ChatGPT 的回答，为这些元素安排一个合理的组合。下面是我们的 Prompt：从仰视的视角看具有太阳能电池板和绿植外墙的高楼大厦，一个女人戴着虚拟现实眼镜，未来主义、环保主义、科幻风。图 5-5 是生成的图片。

图 5-5　Midjourney 生成关于"未来城市"的图片

　　有时候，也可以省去 ChatGPT 帮助我们想象的步骤，比如直接使用 Midjourney 生成抗病毒的商标图片，使用的 Prompt 为"抗病毒、图标对称、平面风格"。生成的图片如图 5-6a 所示，其中 U4 的盾牌效果最贴合预期。点击"U4"推送大图，随后复制它的链接作为参考图片，增加 Prompt："3D 的浅黄色玻璃质感盾牌，抗病毒，对称商标，图像权重为 2"（其中 --iw 2 用于指定图像权重）。结果如图 5-6b 所示，效果都比较符合预期。

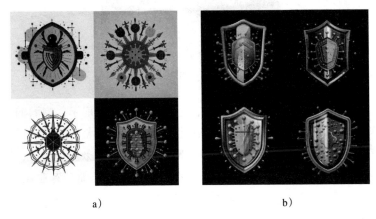

a) b)

图 5-6 使用 Midjourney 迭代"抗病毒"商标创意图（图 a 用于寻找合适的形象，图 b 在此基础上提升质感和效果）

5.3 壁纸创作

在了解了绘画 Prompt 的基本组成和激发灵感的手段之后，相信大家已经迫不及待想要上手了。不少人喜欢用风格鲜明的图片来做电脑壁纸、手机壁纸、手机壳图案、文化衫图案、海报。早期是设计师自己完成设计，现在可以通过 ChatGPT 来高效创作，而且，每个人都能获得个性化的结果，真正实现了平民化。下面按照前述的 Prompt 基本组成举几个例子。

使用 Prompt：背景是日本樱花树街道，粉色头发的日本萌妹子，身穿校服，背着书包，需要眼睛比较大。生成的结果如图 5-7 所示。

图 5-7　Midjourney 生成的日本风壁纸

使用 Prompt：夜晚，微光，光线追踪，蘑菇房子，饱满的蘑菇，露水，小道，萤火虫，小精灵，微距摄影，大量的细节，质感，毛茸茸，虚化，晶莹剔透，电影色调，丁达尔效应，光斑，游戏场景，概念设定，8K，摄影，错综复杂，超详细，专业照明，虚幻引擎，幻想，概念艺术，锐焦，插图。生成的结果如图 5-8 所示。

图 5-8　Midjourney 生成的蘑菇房壁纸

使用 Prompt：高清，细节多，光线明亮，超高清，远山，背景，夕阳，池塘，绿树。生成的结果如图 5-9 所示。

图 5-9　Midjourney 生成的风景壁纸

5.4　获取素材

很多时候，用户希望画一个系列的插画，这样更能满足实际工作的需要。在同一个系列中，插画应该满足下面三个条件：

❑ 主体形象应该保持稳定，举例来说：画一个人物，人物在服装、表情、动作和场景上会做出不一样的表现，但是人物本身的形象应该稳定，包括瞳孔颜色、五官比例等不会发生改变的生物特征，有时候甚至发型、发色也需要稳定下来。

❑ 同一个系列的元素要统一，这一点在制作游戏道具的图片时非常实用。

❑ 风格维持稳定，举例来说：用于同一本绘本的图片、同一款游戏的图片等，都应该维持同一个风格。

下面分别以人物形象、游戏物品和背景素材为例介绍如何使用 AIGC 工具生成系列图片。

5.4.1 人物形象素材

以创作一个篮球女孩的故事为例，下面分步骤拆解。

第一步，生成人物全身照。使用 Prompt：一个大眼睛的、穿着一件蓝色的篮球服的卡通女孩的全身照。生成的结果如图 5-10 所示，其中 U4 的结果最符合预期。

图 5-10　Midjourney 生成篮球女孩的图片

第二步，获取参考图网址。单击第一步生成的图片，右键在新网页中查看，复制它的链接。如果第一步，用户想要使用自己已有的形象图，则上传图片（上传方法见第 2 章）并获取它的链接。

第三步，更换场景。在 Prompt 的地方填上图片链接，并增加其他词语进行控制。图 5-11 展示了该形象在篮球场（图 5-11a）和骑自行车（图 5-11b）两个场景下的图片。其中，图 5-11a 使用的 Prompt 为"图片网址 + 篮球比赛，明亮的篮球场背景，迪士尼盲盒风格，精细的光泽"，图 5-11b 使用的 Prompt 为"图片网址 + 骑自行车，明亮的篮球场背景，迪士尼盲盒风格，精细的光泽"。可以看到，这些图片都很好地保留了图 5-10 中 U4 的人物特征，辫子、短裤、袜子和瞳孔、五官比例都比较统一。

a)　　　　　　　　　　　　　b)

图 5-11　Midjourney 生成篮球女孩的不同场景

第四步，系列表情。除了不同的动作场景，我们还可以使用原始的标准形象来生成一套表情包，在参考图的网址后面加上指令"表情包，表情列表"就可以达到这个目的（如图 5-12a 所示）。由于表情包属于一次性生成多个图片，为了让机器维持统一的人物形象风格，再显式地指定一次，即人物特征为单马尾、大眼睛的篮球女孩。此外，如果要追求更高程度的一致性，可以直接指定不同动作的若干个通道，如图 5-12b 所示。它的指令为："六通道分别显示不同姿势"。

a）同一个篮球女孩的不同表情　　　b）不同篮球女孩形象的不同表情

图 5-12　Midjourney 生成篮球女孩的不同表情

5.4.2　游戏物品素材

对于负责游戏设计工作的用户来说，AIGC 工具提供了一个非常实用的功能，即批量生成风格统一的道具。在 Midjourney 中，对应的指令是"表格"。图 5-13 中展示了两个不同的例子，图 5-13a 的 Prompt 为"五颜六色宝石的游戏表格"，图 5-13b 的 Prompt 为"各种棱柱形的魔法宝石和水晶的设计表格"。可以看到，图 5-13a 中的元素已经可以直接用于设计"连连看"类型的小游戏，图 5-13b 则更加适合作为游戏角色的道具。

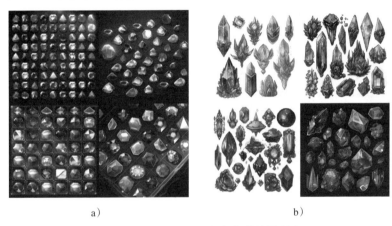

a)　　　　　　　　　　　　　　　　b)

图 5-13　Midjourney 生成的道具图列表

5.4.3　背景素材

对于故事书的创作者来说，他有时候需要在一个场景中变换人物或者视角，这个时候，维持背景的稳定性就显得非常重要。使用 Midjourney 的以图生图功能，可以达到这个目标。图 5-14 展示了同一个书房背景与不同人物的组合。可以看到，背景中书柜、窗户、台灯、桌子和椅子的相对位置关系和大小关系得到了很好的保持，两个人物各自的形象和穿着也基本保持一致。

Prompt：背景图，人物图，
　　　　男人站在窗边

Prompt：背景图，人物图，
　　　　贵妇坐在桌前读书，
　　　　台灯亮着

图 5-14　Midjourney 背景与人物的叠加，保持
了背景的一致性和人物各自的特点

5.4.4　电商素材

很多美工从业者是做平面设计的，特别是在电商公司，需要设

计大量的头图、banner 图、海报、详情图。其中，详情图因为设计感要求高，对文字排版、画面布局的要求高，暂时无法让 AIGC 工具快速生成，而头图、banner 图、海报的内容相对简单，可以按需求绘制出不同肤色、年龄、性别、五官要求的人物形象，这可以让原本需要平面模特、服装模特的公司极大地降本提效。在这种情况下，我们可以使用一系列短语来构成 Prompt。这些短语可以分为四个类别：图像质量、人物性格、色调、人物形象。

比如一个潮男形象，使用 Prompt：高画质，最高质量，个性张扬，另类，挑衅，最高清晰度，晕染，渐变，黑白灰色调，酷，皮夹克，高冷，男性，暗黑，少年，毛衣，忧郁，凌乱的头发，凌厉的眼神，飞舞的发丝，哑色调，白色抽象背景，灰色头发，动态，个人照片。生成的结果如图 5-15 所示。

图 5-15　Midjourney 生成的潮男电商图

比如一个少女形象，使用 Prompt：插画，杰作，电影光线，丰富的色彩，高质量，一个少女的肖像，精致的五官，长发，漂亮的眼睛，看向观众，头戴皇冠，花朵，在花园中，阳光明媚。生成的结果如图 5-16 所示。

比如一个美女形象，使用 Prompt：pixiv 艺术品，精美的（写实风格），极致脸蛋，吹弹可破的肌肤，照片级别写实风格，星星般的眼睛，彩虹渐变头发，闪闪发亮的首饰，七彩颜料泼洒背景，穿着显身材的时装，侧面，美丽，极高的质量，身材比例协调，非常漂亮。生成的结果如图 5-17 所示。

图 5-16　Midjourney 生成的　　　图 5-17　Midjourney 生成的
　　　　少女电商图　　　　　　　　　　美女电商图

　　如果你要在情人节活动的 banner 图中出现一个爱心桃形状的礼盒，但手头没有对应的实物可以拍照，又不想花钱买付费图片，同时为了避免侵权，则可以使用 Prompt：深色背景，中间放一个爱心礼盒，粉色，红色，点缀一些闪亮质感。生成的结果如图 5-18 所示。

　　如果你是要做一个城市相关的海报，要体现高楼大厦和万里晴空的感觉，需要一个底图，则使用 Prompt：夏天，蓝天白云，云上城市，电影照明，体积照明，史诗般的构图，照片写实，非常细节，辛烷渲染，创意，HDR。生成的结果如图 5-19 所示。

图 5-18　Midjourney 生成的情人　　图 5-19　Midjourney 生成的
　　　　节活动 banner 图　　　　　　　　　　海报底图

5.4.5　室内设计素材

美工行业另一大从业群体是室内设计师。当然正式的设计图目前还是需要设计师本人严谨制作的，但是在沟通环节，客户往往需要你按他的描述绘制出粗略的效果图，如果你总是用别家的效果图给客户看，匹配的效率还是比较低的，最好针对性地出，自己画费时费力，用 AIGC 工具则事半功倍。

以家庭装修为例，使用 Prompt：请为我画一张卫生间的效果图，房间长度为 3 米，宽度为 3 米，现代主义风格。生成的结果如图 5-20 所示。

以酒店装修为例，使用 Prompt：酒店前台，南洋复古风格，加入丰富的欧式线条建筑，色调沉稳主色调胡桃木色点缀绿色。生成的结果如图 5-21 所示。

图 5-20　Midjourney 生成的卫生间效果图

图 5-21　Midjourney 生成的酒店前台效果图

5.5　动图或视频创作

　　除了生成图片，我们还可以进一步生成动图甚至视频。下面介绍 3 种方法。

5.5.1 连续变化的动作

使用 Prompt：英俊、黑头发的卡通男孩在参加跑步比赛，从开始跑步到结束跑步的 6 通道图，采用宫崎骏的风格。生成的结果如图 5-22 所示。

图 5-22　Midjourney 生成 6 个连续的动作

5.5.2 图像生成过程

Midjourney 提供了生成视频的指令，以"--vedio"作为 Prompt 的结尾，生成图片之后，单击右侧"添加反应"的按钮（如图 5-23 所示），单击"信件"（":envelope"）表情，就可以在信箱中收到视频的链接了。

注意，使用这一指令得到的视频其实表现的是迭代计算过程中图像的动态变化，因此，这个视频适合作为动画场景切换的过渡画面（比如花的生长、雨的落下等），而不适合作为连续动作等用途。

图 5-23　使用 Midjourney 获取视频

5.5.3　"无限流"创意视频

当前主流的 AIGC 工具的"图生图"都提供了向外拓展画作的功能，使用这个功能可以完成酷炫的"无限流"创意视频。

下面以 Dall·E 2 为工具，我们总共生成 7 张图片。在这个过程中还需要图片编辑工具 PhotoShop 和视频编辑工具 After Effects 的辅助。

第一张，使用 Prompt：地球。保存其中一张图片，如图 5-24a 所示。复制一份，使用 PhotoShop 将复制文件的长宽都缩小为 1/4 大小。

第二张，单击上传图片编辑，把缩小后的文件放在生成区域中间。使用 Prompt：地球在太阳系中。生成的结果如图 5-24b 所示，然后重复上述操作。

第三张，继续上传图片编辑，使用 Prompt：浅蓝色墙上的木制画框，左下角有花瓶。生成的结果如图 5-24c 所示，然后重复上述操作。

第四张，使用 Prompt：房子。生成的结果如图 5-24d 所示。

第五张，使用 Prompt：城市，高楼，汽车，自行车，街道。生成的结果如图 5-24e 所示。

第六张，使用 Prompt：陆地。生成的结果如图 5-24f 所示。

第七张，使用 Prompt：大陆，海洋。生成的结果如图 5-24g 所示。

随后又回到了第一张。打开 After Effects，添加图片之间的过渡动画，就可以得到一个无限循环的动画了。

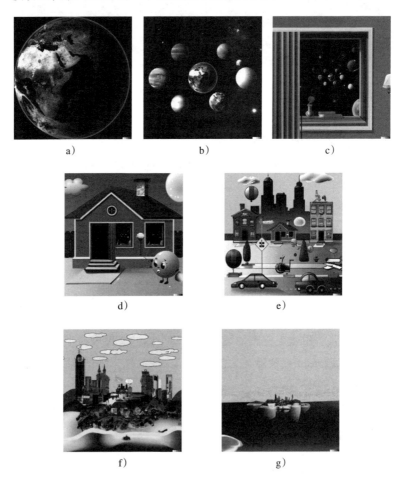

图 5-24 Dall·E 2 使用向外绘画功能生成的图片，每一张都是上一张图片向外延申的结果

5.6　设计 3D 作品

对于从事 3D 设计行业的用户来说，图像生成工具可以直接生成有质感的 3D 图像。但是在更多的时候，从事这个行业的用户需要更加精细地控制和修改 3D 图像的细节。这就需要使用代码进行控制。虽然 ChatGPT 本身并不直接涉及 3D 建模，但是，它可以与其他技术和工具结合使用来改变 3D 建模的方式，并对设计师和机械行业产生影响。用户可以使用 ChatGPT 来生成 3D 软件的控制代码，从而大幅度提高 3D 建模的工作效率。

❓ Prompt：

给我一个 Blender 代码，在 20 单位的半径中随机添加 100 个可旋转的方块。

⑤ 回答：

以下是一个使用 Blender Python API 随机添加 100 个可旋转方块的代码示例：

```python
import bpy
import random

#设置场景
bpy.context.scene.unit_settings.system = 'METRIC'
bpy.context.scene.unit_settings.scale_length = 0.1
bpy.context.scene.cursor.location = (0, 0, 0)

#创建方块
def create_cube(location):
    bpy.ops.mesh.primitive_cube_add(size=1, location=
        location)
    cube = bpy.context.active_object
    cube.rotation_euler = (random.uniform(0, 2 * 3.1415),
                           random.uniform(0, 2 * 3.1415),
                           random.uniform(0, 2 * 3.1415))
    return cube
```

```
#添加方块到场景
def add_cubes():
    for _ in range(100):
        x = random.uniform(-10, 10)
        y = random.uniform(-10, 10)
        z = random.uniform(0, 20)
        location = (x, y, z)
        create_cube(location)

#清除场景中的所有物体
def clear_scene():
    bpy.ops.object.select_all(action='DESELECT')
    bpy.ops.object.select_by_type(type='MESH')
    bpy.ops.object.delete()

#清除场景中的所有物体并添加新的方块
clear_scene()
add_cubes()
```

这段代码首先设置了 Blender 场景的单位和光标位置，然后定义了 create_cube 函数，用于创建带有随机旋转的方块。接下来的 add_cubes 函数使用循环语句创建 100 个随机位置的方块，并调用 create_cube 函数来将它们添加到场景中。最后，clear_scene 函数用于清除场景中的所有物体，并通过调用 clear_scene 和 add_cubes 来执行整个过程。

注意，要在 Blender 中执行此代码，您可以将其保存为 .py 文件，然后在 Blender 中打开脚本编辑器，并运行该脚本。

除了 Blender 代码之外，目前还有很多 AI 自动建模的新工具。Google 推出了 DreamFusion，该技术可以通过输入文本直接 AI 生成 3D 模型，并且自带贴图，开启了 AI 建模的新纪元。美国的 Voxel8 公司利用 ChatGPT 技术开发了一款可以自动设计和打印电子设备的机器人系统。此外，日本的 Yaskawa 公司开发的机器人控制系统和中国的 Agile Robots 的 AI 机器人也是 ChatGPT 技术在机械行业中的代表。它们都能够根据自然语言命令或用户的语音和手势进行操作，使操作更加简单直观，极大地提高了机械设计和制造的效率和精度。

5.7　作品修改

在使用 AIGC 工具做真实需求的时候，读者可能会遇到一个困惑：就算每次复制一样的关键词，但生成图一样会出现很强的随机性。如何对生成的图片进行微调呢？下面介绍几种微调办法。

1. 利用 seed 微调

Midjourney 会用一个种子号来绘图，把这个种子作为生成初始图像的起点。种子号是为每张图随机生成的，也可以使用 --seed 或 --same eseed 参数指定。使用相同的种子号和提示符将产生类似的结尾图片。默认情况下，这个种子是随机给的，所以如果我们想要比较相似的图，就需要把 seed 固定下来，数字可以随意指定，只要在 0～4294967295 范围内即可。

2. 混音模式微调

第二种办法是在设置中选中混音模式然后进行生成，这样就可以在生成之后对上一次的 Prompt 做局部调整。

3. 文本的组合与权重

Prompt 中的不同词语是用逗号分开的，但其实还可以写多重 Prompt。多重 Prompt 以两个冒号为标注，意思是 AI 不需要考虑单词的前后关系，而只把它们当成独立的单词，比如"hot dog"（如图 5-25a 所示）和"hot:: dog"（如图 5-25b 所示）。

在双冒号后面还可以加入权重（不写则为默认值 1），权重也可以是负数，加入负数的权重会抑制元素的出现。如图 5-26a 所示，Prompt 为"生机勃勃的郁金香田"；如图 5-26b 所示，Prompt 为"生机勃勃的郁金香田 :: 红色 ::-0.5"。可以看到，加入反向 Prompt 抑制了红色的出现。

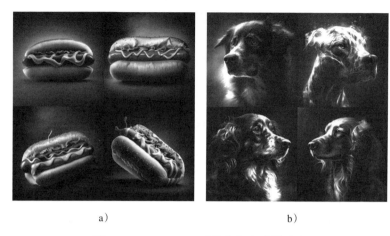

a)　　　　　　　　　　　b)

图 5-25　Midjourney "热狗" 生成图对比

a)　　　　　　　　　　　b)

图 5-26　Midjouney 中使用反向 Prompt 前后的对比

5.8　一种亲子互动玩法

通过"以图生图"功能，我们可以把一些小朋友的画变成另外风格的画作，这个过程能让父母深度参与到孩子的游戏世界中，实现亲子链接。目前已经有部分设计师将这样的方法打造成亲子课程，推荐给父母，挺受欢迎。

在"万能 AI 助手"App 中，单击其中的"绘图"功能，选择"图生图"（图 5-27a），上传儿童画照片（图 5-27b），在"补充描述"中写入期望让图片变成的效果。比如"画作描述一个，武侠世界，在空中两人追逐"。滑动页面设置其他参数，特别是"选择风格"，比如我们选择"水墨"风格（图 5-27c），然后生成。这样就能获得一张风格鲜明，同时接近成人画的作品，如图 5-28 所示，孩子一定会很惊讶和开心，从而对绘画进一步产生兴趣。

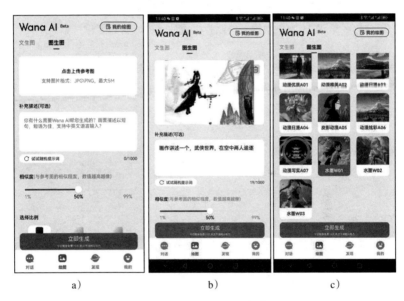

图 5-27　"万能 AI 助手"操作界面

本章系统地介绍了图像类型生成工具的 Prompt 应该如何构成，以及创作的灵感来源应该如何寻找。在这个基础上，我们详细介绍了从各种场景的素材创作到 3D、动图、短视频等高阶的生成玩法，相信可以给大家带来有用的启发。

图 5-28　根据上传照片生成的水墨风格的图片

游戏行业的
Prompt 技巧和案例

游戏开发需要包含以下几个重要的模块。

❑ 游戏引擎：游戏引擎是游戏制作的基础，可以提供基本的游戏制作功能，比如游戏图形渲染、音频管理、物理模拟、游戏逻辑处理等。

❑ 人物设计：包括角色建模、文本设计、动画设计、人物细节设计等。这些设计都是为了使游戏更加逼真，给玩家带来更好的游戏体验。其中的文本设计、人物背景设计都是文案类工作，非常适合 ChatGPT。

❑ 场景设计：包括 3D 建模、纹理贴图、光照、阴影等，旨在为用户营造更真实的游戏体验。目前已经有非常多游戏公司用 AI 来生成游戏原画，乃至构建一些细节场景。

❑ 游戏剧情：包括故事背景设计、故事线条、主线任务、副线任务等。通过游戏剧情，玩家可以了解到游戏中的来龙去脉，感受游戏情节的变化，从而使玩家更好地投入到游戏中。虽然是文案类工作，但是因为对文学性合原创性要求较高，所以只有部分内容可以依托 ChatGPT。

❑ 道具设计：游戏开发过程中还需要设计各种不同类型的道具，添加各种效果以提升游戏体验，比如加血包、金币等，增加游戏的可玩性和娱乐性。道具的背景介绍文案可以依托 ChatGPT。

❑ 地图设计：地图设计将场景、游戏剧情和人物角色等紧密地融合在一起，渲染出一些现实生活中的地形，如各种地洞、地下城、城市、大自然等。可以用 AI 来生成画面。

此外还有用户界面设计和游戏音效设计，不过因为专业度比较高，ChatGPT 更多是起到推荐作用。

总体而言，游戏开发是一个复杂的过程，需要一个多层次的团队密切配合，才能创造出高质量、有趣、即时的游戏。其中很多繁复的文案工作、代码工作可以依托 ChatGPT。

6.1 游戏对话系统

ChatGPT 可以通过对游戏角色进行训练和学习，生成自然语言对话，并理解玩家语言的意图和意义，从而更好地实现和玩家的互动与交流。对话系统可以随着游戏进行动态调整，以便为玩家提供更好的游戏体验。

针对游戏策划阶段，使用 ChatGPT 可以提高撰写游戏脚本中的台词模块的效率。下面是一个具体示例。

❓ Prompt：

你是一位魔法师，我向你请教一套时空穿梭的魔法，你认为需要考验我通过才愿意传授，请拟写对应的回答话术。

🔵 回答：

您好，非常感谢您对我的能力的信任。时空穿梭是一项非常高级的魔法技能，需要经过极其严格的测试和评估。在教授这项魔法技能之前，我需要您证明您具有足够的魔法知识和技能来掌握这项技能。请告诉我，您已经掌握了哪些魔法技能？并描述一下您对魔法的了解和使用经验。这将有助于我对您的能力进行评估，并确保您已经做好准备迎接本次挑战。

6.2　故事情节生成

ChatGPT 可以通过阅读大量的小说和电影剧本，来生成游戏故事情节。在这个过程中，ChatGPT 必须能够识别剧情的关键点并根据它生成与该游戏环境相关的情节。

❓ Prompt：

你是一位游戏编剧，现在需要一个古代故事，大将军征战沙场的故事，请写出 500 字的剧情梗概。

🔵 回答：

从前，黄将军是一位精明能干、武功高强的将领。他在不懈努力下，成为当时王朝的最高军事指挥官。为了保家卫国，他多次立下赫赫战功，被赞誉为一方的名将。

故事始于黄将军与他的军队奉命前往贵州，应对当地土司的叛乱。黄将军率领军队，越过高山和峻岭，跨越汹涌的流水，扫荡贵州各地的叛军。在一次重要战役中，黄将军提出了一个敢死队的战术，用兵精妙，严谨有序，最终获得了战斗的胜利。

然而，胜利并没有让黄将军满足，他怀揣着更高的目标，开始了他的北伐之旅。黄将军率领着军队跋涉在茫茫戈壁之中，经历了饥饿、干渴、风沙和荒凉的寂静。就在整个军队士气低落时，黄将军突然得到了一个军训娱乐增加士气的建议：足球比赛。凭借这个看似简单的运动项目，黄将军成功缓和了军队士气低落的局面，让大家重新振作精神，获得了一次次胜利。

当黄将军和他的军队最终抵达东北边疆时，他们面对的是一支由俄国士兵和流亡贵族组成的重装部队。虽然击败他们需要做出巨大的牺牲，但是黄将军坚信，只要坚持下去，胜利就一定会属于他们。经过长达三天三夜的鏖战，黄将军迎来了他人生中最重要的一场胜利，成功击败了俄国和流亡贵族的联军。

结局：黄将军返回京城，受到了皇帝的盛赞和褒奖，成为了朝廷的重要人物。他的成就也被记载在史册之中，成为当时中国军事史上的一段佳话。

6.3　角色定义

经过多种情况下的大量训练，ChatGPT 能够准确地理解玩家的偏好和需求，并根据这些信息确定玩家在游戏中的行为和言语，从而与玩家的互动更加松散和流畅。

可以使用以下 Prompt 定义角色：设定几个冒险游戏的游戏角色以及他们的性格和台词。这一类 Prompt 特别适合去定义游戏中的 NPC 角色。

❓ Prompt：

1）角色名：艾伦

性格：勇猛无畏，直来直去，头脑灵活。

台词："我们必须前进！没有前进，我们就是在原地踏步！"

2）角色名：艾米

性格：聪明机智，善于察言观色，口才流利，偶尔喜欢捉弄别人。

台词："哎呀，你要是再不动起来，可就要被追上了！"

3）角色名：杰克

性格：沉稳，懂得分析判断形势，认真负责，不轻易发脾气。

台词："停下来，我们需要一个好计划才能避免陷入危险。"

4）角色名：卡拉

性格：独立自主，善于照顾队友，有时候会表现出顽皮的一面。

台词："别担心，我会一直在你身边，无论发生什么我都不会离开你。"

5）角色名：马克

性格：豁达开朗，喜欢分享快乐，不喜欢欺负弱小。

台词："冒险的本质就是要享受过程，我们不妨别那么认真，来点开心的事情吧。"

6.4 玩家情感分析

ChatGPT 可以根据游戏中的文字和语音数据分析玩家的情感状态和意图，从而对玩家的行为作出相应的反应，如传达希望和同情的情感等。这可以让玩家更好地享受游戏中的互动，得到更好的情感体验。比如我们可以使用："将下面的文本分类为正面、负面或中性情感，不需要额外的分析和解释："，再加上想要分析的文本即可。举一个例子。

❓ Prompt：

将下面的文本分类为正面、负面或中性情感，不需要额外的分析和解释：

老铁 666

⑤ 回答：

是正面情感。

6.5 自然语言翻译

ChatGPT 可以将游戏中的文字和语音翻译成多种语言，如英语、日语、韩语等，从而使得世界不同国家和地区的用户能够更好地进行游戏互动。翻译的 Prompt 例子可以是"请将给定的游戏台词翻译成地道的英语："，然后加上想要翻译的游戏台词。

❓ Prompt：

请将给定的游戏台词翻译成地道的英语：

"果然，先爱上的那个人，是输家。"

⑤ 回答：

"Naturally, the one who falls in love first is the loser."

有时候 ChatGPT 会给出额外的解释，这个时候可以用"请将给定的游戏台词翻译成地道的英语，不给出额外的解释和分析："来去掉不必要的信息。

❓ Prompt：

请将给定的游戏台词翻译成地道的英语，不给出额外的解释和分析：

若轻云之蔽日，若流风之回雪。

⑤ 回答：

"If the light clouds cover the sun, if the flowing wind brings back the snow."

6.6 智能提示

ChatGPT 可以通过对玩家的行为进行数据分析，判断下一步可能要执行的操作，以便系统生成具有针对性的提示，为玩家提供更好、更有趣的体验服务。

我们设想的场景是：当玩家在游戏中陷入困境时，ChatGPT 可以通过分析他们的行为和游戏状态来提供有用的提示。例如，如果玩家一直在同一区域徘徊而没有进展，ChatGPT 可以建议他们探索其他区域或查找隐藏的道路；如果玩家在攻击敌人时遇到困难，ChatGPT 可以建议他们尝试使用不同的武器或技能，并提供相应的提示和建议；如果玩家在解谜游戏中卡住了，ChatGPT 可以提供一些提示，以帮助他们找到正确的解决方案。

那么我们可以通过 ChatGPT 来得到能够实现我们目标功能的 Prompt："生成一些能够实现这个功能的 Prompt,"，再加上我们想要的场景。

❓ Prompt：

生成一些能够实现这个功能的 Prompt，例如，当玩家在游戏中陷入困境时，ChatGPT 可以通过分析他们的行为和游戏状态来提供有用的提示。例如，如果玩家一直在同一区域徘徊而没有进展，ChatGPT 可以建议他们探索其他区域或查找隐藏的道路；如果玩家在攻击敌人时遇到困难，ChatGPT 可以建议他们尝试使用不同的武器或技能，并提供相应的提示和建议；如果玩家在解谜游戏中卡住了，ChatGPT 可以提供一些提示，以帮助他们找到正确的解决方案。

💬 回答：

1）"你好，看起来你在游戏中遇到了麻烦。是否需要一些提示来帮助你前进？"

2）"我注意到你一直在同一个区域徘徊，也许你可以探索其他区域或寻找隐藏的道路来寻找新的进展。"

3）"如果你在攻击敌人时遇到困难，尝试使用不同的武器或技能，也许你可以尝试使用火焰或冰冻魔法来击败他们。"

4）"如果你在解谜游戏中卡住了，尝试回顾你已经找到的线索，也许有些线索可以帮助你找到正确的解决方案。"

5）"有时候，如果你遇到了无法解决的难题，也可以考虑放松一下，然后回来再试。也许你的头脑在休息后会更清晰。"

6）"如果你被卡住了，试试问自己一些问题。你是否已经尝试过所有的选项？有没有什么不同的方法可以尝试？"

7）"你的道具栏中是否有任何可以帮助你的物品？有些物品可能具有意想不到的效果，可以帮助你通过困难的关卡。"

8）"如果你需要帮助，请不要害羞，问问你的队友或其他NPC。他们可能会给你一些关于如何前进的有用提示。"

9）"有些任务可能需要你以不同的方式进行尝试。如果你一直在使用相同的方法，但无法取得进展，请尝试其他方法。"

10）"记住，如果你陷入困境，请不要失去信心。尝试其他方法，保持耐心和毅力，你一定能够克服难关并取得成功。"

6.7　引导新手

ChatGPT 可以在游戏中训练新手，教导如何玩游戏，并向玩家传授基本的游戏知识。这个游戏训练模块能够帮助新手玩家在刚接触某款游戏时快速适应，减少他们在探索游戏的过程中的困难。此外，ChatGPT 的游戏训练模块还能够根据玩家的游戏水平和游戏风格，提供个性化的游戏指导和建议。无论是在单人游戏还是多人游戏中，ChatGPT 都能够为玩家提供实时的游戏帮助和支持。

除了游戏训练，ChatGPT 也可以为玩家提供其他有用的信息和服务。例如，它可以帮助玩家找到游戏中的隐藏道具或解决游戏中的难题。此外，ChatGPT 还可以为玩家提供游戏攻略和策略建议，帮助玩家在游戏中更加游刃有余。

　　随着时间的推移，ChatGPT 的游戏训练模块将不断更新和完善，以满足不断变化的游戏需求和新手玩家的需求。无论是对于新玩家还是对于老玩家，ChatGPT 都是一个强大的游戏伙伴和助手，可以帮助他们更好地探索和享受游戏的乐趣。

　　例如，我们可以通过 Prompt——"设计游戏中新玩家刚登录的引导词，你的名字是 Assistant"来让 ChatGPT 生成新玩家的引导词。

❓ Prompt：

　　设计游戏中新玩家刚登录的引导词，你的名字是 Assistant。

🌀 回答：

　　欢迎来到游戏！我是 Assistant，你的游戏助手。以下是一些提示，帮助你快速上手游戏。

　　1）初次进入游戏，请按照指示创建您的角色。

　　2）游戏中，您可以查看任务列表和地图等信息，以帮助您完成任务。

　　3）学习游戏中的各种技能和道具，以帮助您在游戏中更好地生存和发展。

　　4）向其他玩家学习和交流可以帮助您更快地了解游戏，建立更多的朋友。

　　5）如果您有任何问题或困惑，请按下"帮助"按钮，我会在第一时间给您答复。

　　祝您在游戏中玩得愉快！

6.8　游戏数据分析

　　ChatGPT 擅长于数据分析。它可以利用在游戏中收集的大量数据，对数据进行分析，发现潜在的问题和瓶颈，设立优化方案，以更好地满足用户的需求。以下是一些比较好用的 Prompt。

- ❏ 给我一些关于某个特定游戏的数据，我可以分析这些数据并给出结论。
- ❏ 如何分析玩家在某个游戏中的行为模式？有哪些指标可以衡量玩家的表现？
- ❏ 对于某个游戏，哪些因素可以影响玩家的留存率和付费率？
- ❏ 如何设计一个游戏的经济系统以最大化收入并同时保持平衡？
- ❏ 请提供一些关于游戏用户群体的数据，并分析这些数据可以告诉我们哪些信息？
- ❏ 如何使用数据来预测某个游戏的未来表现？有哪些因素可以影响游戏的成功？
- ❏ 请分析某个游戏的用户流失率，并提供一些降低用户流失率的建议。
- ❏ 如何利用数据来改善游戏的用户体验？有哪些指标可以用来衡量用户满意度？
- ❏ 请分析某个游戏的社交元素对用户参与度和忠诚度的影响。
- ❏ 如何通过数据来评估某个游戏的市场表现？哪些指标可以用来衡量游戏的成功？

以下是关于游戏经济系统的例子。

❓ Prompt：

如何设计一个游戏的经济系统以最大化收入并同时保持平衡？

🔷 回答：

一个成功的游戏经济系统应该在能够最大化收入的同时保持平衡，从而同时满足游戏生态和玩家的需求。以下是设计游戏经济系统的几个关键因素。

1）收入来源：确定游戏内玩家的收入来源必不可少。你可以考虑让玩家获得金币、经验、道具甚至虚拟货币等。各种收入渠道应该在游戏内有明确的规则和制约，如生产、贸易、任务完成等。

2）货币的流通性：货币的流通性是指名义上的货币数量，即玩家手中的钱币数。管理员需要对游戏的通货膨胀机制有一个清晰的了解，以便适时进行货币配给并控制通货膨胀。

3）存在的经济限制：游戏必须设定经济限制，比如硬件设备的限制、商品的稀缺性等，以便玩家在资源有限的情况下合理地进行决策和分配。对于玩家来讲，这种限制会使游戏更有挑战，更加刺激。

4）市场竞争：游戏经济系统中的市场竞争可以增强游戏性，提升玩家参与度、团队合作能力和创新能力等。管理员需要合理地规划经济流通范围和周期，让玩家更好地玩游戏，同时也能在玩家之间产生激烈的市场竞争和交易。

5）游戏中的技能：游戏通常有不同的技能类型，这些技能可以赋予玩家不同的能力，从而在游戏经济系统中拥有大的优势。管理员可以考虑让玩家的技能和其他方面的经济元素依次加强，从而带来更好的体验。

总之，设计一个好的游戏经济系统，需要全面理解玩家和游戏经济系统之间的关系，以及玩家与玩家之间的相互作用。只有深入研究这些交互细节，结合层层激励机制，才能制定尽可能有益的游戏玩法和经济系统。

6.9　非线性剧情

ChatGPT 可以生成非线性的游戏情节，从而大大增加游戏的可玩性。玩家可以根据自己的意愿和情感偏好，自由地选择游戏情节，从而让游戏变得更加有趣。

除了增加可玩性，非线性的游戏情节还可以给玩家带来更深入的游戏体验。在这样的游戏中，玩家的选择会直接影响游戏的进程和结局，从而让玩家感受到自己的选择有着真正的意义。

这种游戏情节的发展需要依靠 ChatGPT 强大的语言处理能力，生成多种不同的情节和选择，并根据玩家的选择来确定下一步的发展方向。如果玩家做出了不同的选择，游戏情节的进程就会发生相应的变化，从而让玩家感受到自己的选择在游戏中扮演着重要的角色。

对于那些偏好多元化和探索的玩家来说，非线性的游戏情节可以带来无限的可能性。他们可以探索游戏中不同的情节分支，体验不同的故事情节和结局，从而获得更加丰富和深入的游戏体验。

总之，非线性的游戏情节可以让游戏变得更加有趣、自由和丰富，让玩家在游戏中体验到自己的选择的重要性和真正的影响力。下面是一个可能的非线性游戏情景，均由 ChatGPT 生成。

玩家进入一座神秘的城堡，这座城堡据说藏着许多宝藏和秘密。玩家可以选择探索城堡的不同区域，例如地下墓穴、上层的卧室或者城堡的塔楼。

玩家可以选择与城堡中的 NPC 互动，例如与看守城堡的守卫交谈，向神秘的巫师请教，或者与城堡的主人进行对话。不同的选择将会影响游戏的发展，例如向守卫交谈可能会获得一些有用的情报，向巫师请教可能会得到一些神秘的魔法物品。

在城堡探险的过程中，玩家还可以选择进行不同的动作，例如破解谜题、攀爬墙壁、避开陷阱或者进行战斗。玩家的选择和表现将会影响他们在城堡中的声望和奖励，例如表现优秀的玩家可能会被城堡主人邀请参加宴会，而表现较差的玩家则可能会被逐出城堡。

最终，玩家可以根据他们的选择和行动，达成不同的结局。例如，玩家可以成功地寻找到城堡中最珍贵的宝藏，成为一位富有的冒险家。或者，他们可能会在城堡中遭遇危险，最终死亡或被逐出城堡。不同的结局将会使玩家有着不同的体验和感受，让游戏更加丰富多彩。

　　这样的非线性游戏情节可以根据玩家的喜好和选择，生成多种不同的情节和结局，让玩家获得真正的自由感和探索感。玩家可以通过自己的选择来探索游戏中的不同分支，从而获得更加深入的游戏体验。

　　我们可以把这个情景作为描述，加入 Prompt 中，然后再加上："根据以上情景，开始跟用户进行交互"，这样用户就可以获得和 ChatGPT 进行非线性游戏的交互体验了。

❓ Prompt：

　　下面是一个可能的非线性游戏情景。

　　玩家进入一座神秘的城堡，这座城堡据说藏着许多宝藏和秘密。玩家可以选择探索城堡的不同区域，例如地下墓穴、上层的卧室或者城堡的塔楼。

　　玩家可以选择与城堡中的 NPC 互动，例如与看守城堡的守卫交谈，向神秘的巫师请教，或者与城堡的主人进行对话。不同的选择将会影响游戏的发展，例如向守卫交谈可能会获得一些有用的情报，向巫师请教可能会得到一些神秘的魔法物品。

　　在城堡探险的过程中，玩家还可以选择进行不同的动作，例如破解谜题、攀爬墙壁、避开陷阱或者进行战斗。玩家的选择和表现将会影响他们在城堡中的声望和奖励，例如表现优秀的玩家可能会被城堡主人邀请参加宴会，而表现较差的玩家则可能会被逐出城堡。

　　最终，玩家可以根据他们的选择和行动，达成不同的结局。例如，玩家可以成功地寻找到城堡中最珍贵的宝藏，成为一位富有的冒险家。或者，他们可能会在城堡中遭遇危险，最终死亡或被逐出城堡。不同的结局将会使玩家有着不同的体验和感受，让游戏更加丰富多彩。

这样的非线性游戏情节可以根据玩家的喜好和选择，生成多种不同的情节和结局，让玩家获得真正的自由感和探索感。玩家可以通过自己的选择来探索游戏中的不同分支，从而获得更加深入的游戏体验。

根据以上情景，开始跟用户进行交互。

🅶 回答：

欢迎来到神秘城堡的探险游戏！你将扮演一位冒险家，可以探索城堡的各个角落，与不同的 NPC 互动，并进行各种动作。你的选择和表现将会影响你在城堡中的声望和奖励，并最终决定你的结局，让我们开始你的冒险之旅吧！请问你想探索哪个区域？地下墓穴、上层的卧室还是城堡的塔楼？

6.10 游戏原画设计

在游戏制作的视觉层面，设计师需要对人物、场景、道具进行大量的设计，可以通过 ChatGPT 进行大量风格上的尝试，帮助游戏公司降本提效。

ChatGPT 可以在游戏原画设计的以下方面提供支持。

1. 提供参考和灵感

ChatGPT 可以通过深入分析大量相关游戏、涂鸦和绘画等多个作品，为游戏制作的原画设计提供灵感和参考。可以根据用户提供的关键字或主题，从海量绘画、插图和图像库中挑选出相关图片和素材，并为创意性方向提供建议和思路。

2. 生成美术设计

ChatGPT 可以生成各种类型的美术设计，包括角色设计、场景设计、物品设计等，为游戏原画设计提供美术风格和美术处理的参考。同时，它可以以文本方式输出详细的设计说明，以便美术设计人员进行进一步的操作和创新。

比如一个国风游戏，需要一个夜晚庭院荷花池的原画。

❓ Prompt：

夜景，中国楼阁，庭院，鱼池，荷花，莲花，灯光，灯笼，石桥，大树，薄雾，月球，星空，史诗般，杰作，最高品质，月光，小雨。

生成的夜晚庭院荷花池的原画如图 6-1 所示。

图 6-1　夜晚庭院荷花池的原画

比如一个赛博朋克游戏，需要一个因为核战争导致的灰尘笼罩的未来城市原画。

❓ Prompt：

未来的城市、灰暗的天空、充满科技感。

生成的未来城市原画如图 6-2、图 6-3、图 6-4 所示。

图 6-2　因为核战争导致的灰尘笼罩的未来城市原画（1）

图 6-3　因为核战争导致的灰尘笼罩的未来城市原画（2）

比如要设计一个游戏角色，未来科技女性犀利的感觉。

图 6-4　因为核战争导致的灰尘笼罩的未来城市原画（3）

❓ Prompt：

　　光圈 f1.4，焦虑 80mm，粉色短发，蓝色眼睛，美女，白皙的皮肤，赛博朋克，特写，氛围感，粉蓝色光线，冷酷的表情。

　　设计结果如图 6-5 所示。

图 6-5　未来科技女性犀利的游戏角色

比如要设计一个机甲 NPC。

❓ Prompt：

英雄联盟机甲，高清，科幻，蒸汽朋克，全身，战损，战斗，大师作品，精致建模，超科幻，精品。

设计结果如图 6-6 所示。

图 6-6　机甲 NPC

比如设计一辆在赛车游戏中的道具卡车。

❓ Prompt：

一辆卡车，在 FE 赛道，飙车。

设计结果如图 6-7 所示。

图 6-7　赛车游戏中的道具卡车

第 7 章 Chapter 7

自媒体行业的 Prompt 技巧和案例

　　自媒体人的工作内容主要包括创作文章、拍摄短视频、直播和分享资讯等，以吸引粉丝。

　　ChatGPT 可以为自媒体人提供以下方面的帮助价值。

- ❑ 提供创作灵感：为自媒体人提供与话题、信息等相关的新鲜灵感，帮助他们更好地规划和执行内容创作，以满足粉丝对他们的持续期待。

- ❑ 检查和矫正错误：ChatGPT 可以协助自媒体人进行文章、标题等的语法和拼写检查，确保内容的正确性和专业性，避免读者因为语法错误而误解文章的含义。

- ❑ 提供内容建议及优化：ChatGPT 可以帮助分析网站上的读者信息，协助自媒体人优化内容以适合读者的需求，并提供更精准的关键字优化策略。

7.1 找热点

ChatGPT 可以帮助自媒体人找到最新、最热的社会热点，以协助他们创造有创意的内容。具体地讲，ChatGPT 可以通过以下方法来辅助自媒体人。

7.1.1 文本分析

ChatGPT 可以对社会热点数据进行文本分析，以识别包含"最热门"和"最近"等关键词的文章。

例如：当大多数人谈论有关健身房和器材的话题时，ChatGPT 可以搜索热门话题、健身、压力等主题的创意知识点，每个话题的开放性以及潜在的受众人数。

❓ Prompt：

你是一位健身和器材博主，请研究一下目前这个主题下最火的文章标题、社会热点新闻，请整理 10 个给我。

🤖 回答：

好的，针对健身和器材这一主题，以下是 10 个最火的文章标题和社会热点新闻。

1）《一个月瘦了 10 斤：健身教练分享减肥成功之道》，这篇文章介绍了一个健身教练如何帮助她的客户在一个月内成功减掉 10 斤，并分享了一些成功的技巧和策略。

2）《2023 年全球健身房行业报告》，这篇报告介绍了 2023 年全球健身房行业的发展趋势和市场规模，分析了各种细分市场的增长和变化，为业内人士提供了有价值的信息。

3）《这些健身器材的价格翻了一倍！家庭健身热成为新风口》，这篇社会热点新闻报道了当下家庭健身热的兴起，导致健身器材价格上涨，人们越来越重视健康和健身。

4）《如何在家健身？这 5 个方法不仅简单还能保持身体健康》，这篇文章介绍了如何在家里进行有效的健身，包括锻炼计划、器材选择和运动技巧，让人们不用去健身房也能保持身体健康。

5）《健身房要做好几点注意事项，如何防范病毒传播？》，这篇社会热点新闻报道了健身房如何应对病毒的传播，包括消毒和防护措施，以确保健身爱好者的健康和安全。

6）《这些健身误区你中了几个？快来看看这些健身误区有哪些》，这篇文章介绍了健身过程中常见的误区和坑，包括饮食、健身计划和器材选择等，帮助人们避免效果不佳或受伤的情况。

7）《全球最热门的健身和训练计划推荐》，这篇文章介绍了全球最受欢迎和热门的健身和训练计划，包括 CrossFit、SoulCycle 和 F45 等，让人们了解不同的健身方式和趋势。

8）《如何选择正确的健身房？10 个要点解决你的困扰》，这篇文章介绍了如何根据个人需求和健身目标选择适合自己的健身房，包括场所、费用、器材、教练等因素，让人们更加明智地做出选择。

9）《吃过头怎么办？这些健身日常错误你中了几个？》，这篇文章介绍了在健身过程中常见的错误和问题，包括贪吃、缺乏耐心、脱多少汗等，提醒人们注意健身的正确姿势和方法。

10）《科学减脂指南：健身教练分享 7 个有效的减脂秘诀》，这篇文章介绍了 7 个科学有效的减脂秘诀和策略，包括饮食控制、有氧运动、力量训练等，提供了有价值的减脂建议和指导。

7.1.2　推荐系统

ChatGPT 可以根据自媒体人的搜索历史、阅读偏好以及其他因素，向他们推荐最新、最热的社会热点。

例如，当自媒体人以前搜索了一些有关马拉松的文章时，ChatGPT 可以向他推荐相关的马拉松城市、马拉松赛事等最近的热点新闻。当然这可以根据你经常与 ChatGPT 的对话，让它变成你的信息管家。

❓ Prompt：

最近马拉松圈子有什么热点？

回答：

近期马拉松圈子最热门的几个话题如下。

1）上海马拉松事故：最近在中国上海的一场马拉松比赛中，由于组织方的不当操作，致使部分选手穿越起点与终点的隔离栏而导致意外事故，引起了广泛的社会关注。

2）世界马拉松大满贯：2021 年的世界马拉松大满贯赛事已经开始，聚焦于全球 6 场顶级马拉松比赛。马拉松爱好者们关注与选手的表现、各项纪录的刷新和数据的变化。

3）疫情对马拉松的影响：全球范围内的疫情对马拉松赛事也造成了一定影响，包括赛事取消、延期和减少参赛人数等。

4）马拉松训练和装备：许多马拉松爱好者关注最佳的马拉松训练方式和装备，以提高自身的马拉松成绩。

5）费城马拉松故事：最近，一位美国跑者在费城马拉松比赛中完成了她的第 50 场马拉松，她的故事被广泛传播，将对马拉松爱好者产生一定的启发和激励作用。

7.1.3 数据分析

ChatGPT 可以对社交媒体普及度和关注度进行数据分析，以识别社会热点。

例如：当自媒体人搜索最新时尚趋势时，ChatGPT 利用人口统计学数据，比如年龄和性别与消费者偏好的联系或当地流行时尚风格等数据，找到当前最热门的时尚话题。

总之，通过帮助自媒体人找到最新、最热的社会热点，ChatGPT 可以协助自媒体人创造出更具有吸引力的、有创意的内容，提高其受众关注度和网站流量。

❓ **Prompt：**

请把 2023 年 1 月 27 日娱乐圈最火的 5 个热点事件汇总发给我。

💮 **回答：**

好的，以下是 2023 年 1 月 27 日娱乐圈最火的 5 个热点事件。

1）歌手 A 新歌 MV 发布：著名歌手 A 发布了他的新歌 MV，引发了广泛的关注和评论。

2）《哈利·波特》系列剧集即将上映：据报道，华纳兄弟公司正在开发新的电视剧系列，该系列将讲述《哈利·波特》系列小说的前传故事。

3）全球最具影响力 100 人名单公布：《时代周刊》公布了最具影响力 100 人名单，包括了各个领域的杰出人物。

4）歌手 B 发新歌：歌手 B 新单曲正式发布，引起了歌迷们的关注和喜爱。

5）歌手 C 发行新专辑：歌手 C 发行新专辑，该专辑包含了多首舞曲和流行歌曲，备受期待。

7.2　活动策划

ChatGPT 可以辅助自媒体人做活动策划，列举如下。

7.2.1　出活动主题

ChatGPT 可以通过与自媒体人的对话，了解企划活动的目的、主题，以及目标读者群的兴趣爱好等方面的信息，根据这些信息推荐合适的活动主题。

❓ **Prompt：**

我要举办一个小米手机周年庆粉丝抽奖活动，请列出 5 个活动主题。

🅖 回答：

好的，以下是小米手机周年庆粉丝抽奖活动的 5 个主题。

1）拍照大赛：以小米手机的摄影功能为主题，让用户拍摄或提交自己拍摄的作品，获得抽奖资格，并且设立奖品，比如小米手机、摄像设备等。

2）快闪签到活动：举办签到、转发等活动，邀请用户参与，达到一定的活跃度和转发量后，随机抽取幸运用户，获得小米手机或小米智能家居设备等奖品。

3）小米锦鲤活动：以抽奖方式为主，每位用户消费或完成指定任务后，可获得一次抽奖机会，其中特别幸运的几位用户可获得小米高端机型及 Android 智能设备。

4）推荐好友得奖励：用户在活动期间，邀请新用户注册并购买小米手机，邀请人将获得小米手机等奖品，同时被邀用户也可获得相应的购机折扣或赠品。

5）互动问答活动：发放一系列小米手机相关问题，鼓励用户积极参与。用户在活动中获得答题专属积分，答对越多，积分越多，积分达到要求后，即可参与抽奖活动，获得小米手机、智能穿戴设备等奖品。

7.2.2 出活动宣传方案

ChatGPT 可以向自媒体人推荐一些宣传活动的模板和设计方案，或者推荐一些社交媒体广告平台，并提供一些宣传文案和标语供自媒体人使用。

❓ Prompt：

我要举办一个小米手机周年庆粉丝抽奖活动，活动时间是 2023 年 1 月 1 日至 1 月 20 日，请写出一个策划案，包括：活动规则、活动安排、推广方式和渠道等。

回答：

好的，以下是小米手机周年庆粉丝抽奖活动的具体策划案。

一、活动规则

1）活动时间：2023 年 1 月 1 日至 1 月 20 日。

2）活动对象：小米手机粉丝、用户等。

3）活动奖品：小米手机、智能家居等小米生态链品牌的智能设备。

4）活动流程：用户在小米官网、小米商城、小米手机等渠道完成指定任务，即可获得抽奖机会，每天最多参加一次抽奖。

5）抽奖方式：每天定时开展抽奖，随机抽取若干名中奖用户，并在小米手机微信公众号进行公布。

6）中奖方式：中奖用户需完成中奖信息确认，并承担与中奖有关的个人所得税。

二、活动安排

1）预热期（2022 年 12 月 10 日至 12 月 30 日）：在小米官网、小米手机微信公众号等主要渠道，宣传活动即将到来，预告抽奖活动即将开始，引发用户期待。

2）活动期（2023 年 1 月 1 日至 1 月 20 日）：正式进入抽奖活动，用户完成指定任务，即可获得抽奖机会，每天最多参加一次抽奖。

3）后续期（2023 年 1 月 21 日以后）：公示中奖名单，活动结束后统一发放奖品。

三、推广方式和渠道

1）官方渠道推广：在小米官方网站、小米手机微信公众号等官方渠道中，对抽奖活动进行宣传和推广。

2）社群推广：通过微信群、QQ 群等各个社交媒体渠道，推广抽奖活动。

3）KOL（关键意见领袖）合作推广：邀请一些知名微博、抖音等平台的 KOL 合作，将活动推广至更多的用户。

4）广告投放：在一些知名的新闻媒体、论坛、社区等地方投放广告，吸引更多用户关注和参与。

5）口碑传播：通过口碑传播来扩散抽奖活动的信息，并引导更多小米手机的用户参与活动。

以上是小米手机周年庆粉丝抽奖活动的具体策划案，活动规则、活动安排、推广方式和渠道等均有详细规划。希望您能从中找到适合您的活动方案，让小米手机用户和粉丝都能度过一个愉快的活动期。

7.3　找对标内容

自媒体人可以利用 ChatGPT 提供日常需要找对标内容，来方便快速模仿起号。

例如：自媒体人正在撰写一篇有关瑜伽的文章，ChatGPT 可以通过分析社交媒体上关于瑜伽的话题的热度趋势，找到与瑜伽相关的最新、最热的对标内容。

另外，ChatGPT 可以帮助自媒体人分析竞争对手，了解对标内容，以找到优秀的内容，甚至可以在此基础上创造出与对标内容不相同的新鲜、具有独特性的内容。

例如：自媒体人正在探讨一种健康饮食的话题，ChatGPT 可以通过分析其他竞争对手在该领域的瞩目度及内容类型，帮助自媒体人找到优秀的对标内容，如不同的、新鲜的、有创意的饮食调味新潮流。

总之，通过帮助自媒体人找到对标内容，ChatGPT 可以帮助他更好地升级自己的内容质量，提高读者的阅读体验，增加网站流量并拓展自己的粉丝群。

❓ **Prompt：**

给我提供关于 ChatGPT 创建内容的一些具体案例，并给出详细出处和链接。

🤖 **回答：**

好的，以下是几个关于 ChatGPT 创建内容的案例。

1. ChatGPT 创建的"What If"系列文章⊖

聪明的 ChatGPT 成功地创建了"What If"系列文章，这是基于具体问题的构思，假设答案并用有趣的方式解释问题。例如，如果连续不断地吃汉堡，那么人类生长寿命将会是多少？如果所有的人类消失了，地球会发生什么？这种令人惊叹的创意已经被国际媒体广泛引用，包括大型新闻机构，如 Fox News，以及网站，如 Huffington Post 和 Business Insider 等。

2. ChatGPT 创建的故事生成器⊜

聪明的 ChatGPT 也已经成功创建了故事生成器，先前它是通过生成《哈利·波特》的不同结局而闻名于世。该算法进一步演变为"故事生成器"，允许用户为任何给定情节创建一个新故事的框架。该故事生成器在 2020 年广受欢迎，甚至被像 CNN 和 BBC News 这样的主流媒体进行了报道。

3. ChatGPT 创建的"AI 创造的歌曲"系列⊜

除了文章和故事，聪明的 ChatGPT 还可以创作音乐。例如，Taryn Southern 使用该算法并与专业的制片人团队合作，创作歌曲《冲破束缚》。该歌曲是在上百万用户参与讨论和协作的基础上生成的，生成器不仅可以为歌曲添加和修改声音，还可以帮助人们编写和创建歌词。

⊖　案例链接为 https://what-if.xkcd.com/。
⊜　案例链接为 https://talktotransformer.com/。
⊜　案例链接为 https://www.youtube.com/watch?v=DokBeZ08OtY。

以上是 ChatGPT 创建内容的具体案例，涉及文章、故事和音乐创作等不同领域的应用。这些案例显示出人工智能在创意方面的巨大潜力，提高了内容生产的效率和有趣性。

7.4 关键词优化

现在做自媒体需要让内容中充满优质的关键词，以方便被搜索和算法推荐。ChatGPT 可以帮助自媒体人研究最佳关键词，以进行文章的 SEO 优化。

例如，自媒体人正在编写一篇有关瑜伽减肥的文章，ChatGPT 可以帮助他研究与之相关的最佳关键词，如"瑜伽减肥""瑜伽减肥姿势"等，以增加文章的 SEO 排名和流量。

ChatGPT 可以为自媒体人分析和比较竞争对手的文章和关键词，为自媒体人提供参考和灵感，帮助他们优化文章。

❓ Prompt：

我的文章标题《"淄博烧烤"走红带动当地民宿行业》，请为了更高的阅读量，进行标题的关键词优化。

⑤ 回答：

好的，以下是一个可能更适合提高阅读量的标题，它采用了关键词优化的方法。

"火爆盛行！淄博烧烤走红，民宿行业水涨船高赚翻了，必看！"

在这个标题中，我们使用了一些通用的词汇，比如"火爆盛行"和"必看"，这些词汇可以吸引读者的眼球。此外，我们还使用了"淄博烧烤"和"民宿行业"等关键词，这些词汇与文章的主题紧密相关，可以提高文章的搜索排名。最后，我们还使用了一些感叹号和符号，这些可以增强标题的视觉效果，使得标题更加引人注目。

　　总体来说，这个标题的关键词优化是基于淄博烧烤这个热门话题展开的，同时添加了一些亮眼的通用词汇和符号，希望能够吸引更多读者的注意。

7.5　出文章

　　ChatGPT 能直接根据你的主题、梗概、大纲写文章。ChatGPT 也能做文本校对，可以帮助自媒体人校对文章的语法、拼写、标点符号和语句长度等方面，确保文章的正确性和可读性，并提高文章的质量水平。

　　为了写出尽量满足你预期的文章，可以先让 ChatGPT 提供文章结构的建议，帮助组织文章的段落、标题、摘要、引言和结论等方面，使文章流畅有序。

　　另外，ChatGPT 可以为自媒体人提供引用文献的建议，帮助他们引用有可靠来源的资料，提高文章的可信度。

　　示例一

❓ Prompt：

写 5 个标题，主题是自媒体人如何利用 ChatGPT 创建内容？

🖼 回答：

　　好的，以下是 5 个主题为"自媒体人如何利用 ChatGPT 创建内容"的标题。

　　1）"AI 辅助！自媒体人如何使用 ChatGPT 向读者提供更有趣的内容？"

　　2）"ChatGPT 如何帮助自媒体人创造创意和有趣的内容？"

3）"ChatGPT 创作工具！自媒体人在不需要写一字的情况下，创建新的文章"

4）"ChatGPT 如何成为自媒体人的创作工具，为阅读体验带来全新转变？"

5）"从 ChatGPT 到自媒体！这个自然语言处理工具如何创作出高品质的文章？"

示例二

❓ Prompt：

我要写一篇文章，主题是：自媒体人员如何利用 ChatGPT 创建内容？请帮我列一个文章大纲。

⑤ 回答：

好的，以下是一篇关于"自媒体人员如何利用 ChatGPT 创建内容？"的文章大纲。

一、引言

A. 背景及意义：自媒体的迅速发展，与创作内容的困难

B. ChatGPT 简介和意义

C. 本文内容介绍

二、ChatGPT 是什么

A. ChatGPT 及其技术背景

B. ChatGPT 与人工智能技术的关系

C. ChatGPT 如何创作内容

三、如何使用 ChatGPT 创建内容

A. 创建高质量文章的优势

B. 从如何训练 ChatGPT 开始：如何调整设置、语料来源和训练模式

C. 从标题、开头到正文，如何创作符合自媒体平台要求的文本

四、ChatGPT 创作后的处理

A. 创造更有趣的内容：提高拟真度和增加文化指引性元素

B. 如何契合自媒体平台的需求：创作与平台匹配的内容格式和获得高曝光度

C. 常见问题及应对方法：如何避免程序问题和暴露创作内容

五、创作需要注意的事项

A. 知识储备：深入理解机器学习和数据分析

B. 操作难度：学习使用 ChatGPT 的具体方法和技巧，克服写作中的难点

C. 人机协作：如何将 ChatGPT 和人类创意写作相结合

六、结论

A. 回顾本文的内容和意义

B. ChatGPT 在自媒体创作中的应用前景展望

C. 临近未来：ChatGPT 与人类创意写作的"友谊之路"

示例三

❓ Prompt：

以小红书爆款文章的风格改写标题"自媒体人如何利用 ChatGPT 创建内容？"，给出 5 个推荐。

✦ 回答：

好的，以下是基于小红书爆款文章的风格改写的 5 个推荐。

1）"小确幸的提升！这个神器 ChatGPT，让自媒体人创作内容不再困难"

2）"换个创作神器，颠覆写作方式！教你使用 ChatGPT，成为自媒体新一代文案、创意行家"

3）"偷偷告诉你！自媒体人必备的神器，ChatGPT 现已亮相，让你的创作提升全新层次"

4）"别再卡壳了！使用 ChatGPT，自媒体人创作高质量的文章从此轻松无压力"

5）"ChatGPT，让文案和创意如虎添翼！这里有自媒体人串门学习创作的心得！"

示例四

❓ Prompt：

把下面的文章修饰一下，让它更加通俗易懂，即使初中一年级的学生也可以看懂。

人工智能是计算机科学的一个分支，它企图了解智能的实质，并生产出一种新的能以人类智能相似的方式做出反应的智能机器，该领域的研究包括机器人、语言识别、图像识别、自然语言处理和专家系统等。人工智能从诞生以来，理论和技术日益成熟，应用领域也不断扩大，可以设想，未来人工智能带来的科技产品，将会是人类智慧的"容器"。人工智能可以对人的意识、思维的信息过程进行模拟。人工智能不是人的智能，但能像人那样思考，也可能超过人的智能。

🔵 回答：

人工智能是计算机科学的一个重要分支，它在尝试理解人类智能的本质并制造能像人类一样做出反应的智能机器方面取得了很大的进展。研究方向主要包括机器人、语言识别、图像识别、自然语言处理和专家系统等。随着技术和理论的不断提升，人工智能应用的范围也越来越广泛。可以说，未来会有越来越多的科技产品使用人工智能，成为人类智慧的容器。

人工智能的处理过程是模拟人类意识和思维中的信息过程。虽然人工智能不能像人类一样拥有智慧，但是它在思考和创造方面有着惊人的表现，甚至可能超过人类的智慧。

示例五

❓ Prompt：

创建一篇微信公众号文章，主题是"自媒体人如何利用 ChatGPT 创建内容？"，以通俗易懂的风格来写作，以第一人称来写，多用主动句式，字数为 800 字。这篇文章是给 ChatGPT 初学者看的，要简洁易懂。每个段落要添加标题和副标题，标题要有创意，能吸引人。文章最少要有三部分，包括关键词：ChatGPT、自媒体、提示词、效率提升。同时为这篇微信公众号文章创建一个 100 字以内的文章摘要。

⬡ 回答：

文章摘要：在这篇文章中，我将为大家介绍如何使用 ChatGPT 来提高自媒体人的创作效率，提供更丰富、更有趣的内容。无须编写一字，只需轻松设置参数，即可让 ChatGPT 成为创意的来源，并加速您的创作流程。快来学习吧！

【开头部分】

ChatGPT：创意无限，我们将如何提高自媒体人的写作效率

一直以来，写作是自媒体人的工作重心，没错，我们离不开思考、脑力，很多时候还会陷入创作瓶颈。这是因为我们缺少一个能够为我们提供创意的助手，然而这个助手早已存在——ChatGPT（即 Chat Generative Pre-trained Transformer），这是目前最优秀的自然语言处理工具之一，它可以帮助自媒体人更轻松快捷地创建内容。

【第一部分】

ChatGPT 的真正价值：切实提升自媒体人的创作效率

ChatGPT 的确切价值是令人激动的，因为它可以帮助我们节省大量的时间和精力，进而使内容创作的效率得到提升。

通过 ChatGPT，我们可以智能地生成文章框架、开头、结尾和定制化的段落，例如典故、例子和名言警句等，这有助于我们更自然地创造出生动、有趣、有料的原创内容。您不需要手动编写一句话或标题，就可以快速编写优质的自媒体文章，从而在您的平台上拥有更大的影响力。

【第二部分】

如何使用 ChatGPT 提高创作效率

作为自媒体编辑，我们的工作是要倾听读者的需求，分析市场流行趋势，创造适当的内容。而 ChatGPT 可以带来具有挑战性的灵感，快速响应您的想法，消除您的写作瓶颈。我将介绍使用 ChatGPT 创建内容的一些简单技巧，以实现效率提升。

设置 ChatGPT 的材料来源和训练模式，是非常重要的一步。在为 ChatGPT 准备数据时，我们需要让它了解内容的含义、用途并适应自媒体写作的语境。还可以基于 ChatGPT 的模型进行迭代和监督学习，不断提高 ChatGPT 的准确性和稳定性。最后，通过增加潜在话题，我们可以扩展 ChatGPT 投入的应用领域。

【第三部分】

结论：机器智能在为自媒体人带来多种创作手段

总之，在使用 ChatGPT 时，我们要保持创造性和灵活性，也要保持对写作流程的掌控。它的应用确实可以提高自媒体写作的质量和效率，成为助力我们创造高品质内容的利器。记得运用这一工具，不断创新，打破瓶颈，快速提高创作效率，把更好的文章呈现给受众。

【结尾部分】

"让 ChatGPT 成为您的创作伙伴，提高自媒体写作效率"，并给出一个醒目的提示：小心不要完全依赖它，还需保持创作的原创性和创造性，结合 ChatGPT 所训练的内部机制，在创作中进行优化和调整，创造出适合自己的方式和风格。

类似的 Prompt 还有如下几种方式：
- ❑ 把下面文章中冗余和重复的地方去掉。
- ❑ 检查下面文章中的语法、用词错误，并提供修改建议。
- ❑ 改写一下下面的内容：×××。
- ❑ 为文章"自媒体人如何利用 ChatGPT 创建内容？"编写一个短视频的脚本。

7.6 写短视频脚本

ChatGPT 可以助力自媒体人开展创意思考，提供新鲜、个性化的短视频创意，也可以协助自媒体人写出精彩的故事情节，让短视频脚本更加引人入胜。

例如：自媒体人正在策划一段讲述励志故事的短视频，ChatGPT 可以从故事的角度出发，帮助他编排案例结构和讲述方式，以使短视频内容更加丰富。

另外，ChatGPT 可以帮助化繁为简，简化短视频脚本的框架结构，使它更易于理解和掌握。

❓ Prompt：

自媒体人正在撰写一份关于上海市的纪实短视频脚本，可以帮助细化重点，使短视频内容更能突出主题。

⑤ 回答：

当我们要制作一段完整而有力的纪实短视频时，我们需要细化并突出重点。主要的突出点应该与上海市的文化、历史、建筑和发展等紧密相关。以下是建议关注和突出的几个主题：

1）城市文化——上海的文化氛围是它的城市特色的重要表现形式。从本土街头表演艺人、沪派影视文化、法租界区域，到有名的旧式酒吧和博物馆，上海有许多代表它的文化多元性、特殊性、活力和独具一格的城市形象。

2）繁华街道——上海的商业区是一个媲美全球其他大城市的地方，在时尚衣物、电影、餐饮和体育等方面都是有实力的。从南京西路、淮海路到外滩等地，上海的街道非常繁华，成为东方城市的代表。

3）历史遗迹——上海有着丰富而深厚的历史，这在很多地方得到了非常好的表现。这些古老的建筑和场所包括上海博物馆、豫园、中华艺术宫、上海大厦等，它们展现了上海文明的历史和积淀。

4）建筑之美——上海在建筑方面有非常高的科技含量、现代感和艺术性。无论是旧式建筑如宋庆龄故居、华尔道夫酒店和滨江高楼等，还是现代建筑如上海东方明珠塔和环球金融中心，上海有众多设计独特的建筑。

5）长江和海洋——上海位于长江口，是长江经济带的主要城市。同时，作为全国重要的港口贸易和旅游城市，上海的航运业和旅游资源丰富，崇明岛和滴水湖值得一去。

ChatGPT 还可以在短视频中加入情感元素，共同创造多维度的编排内涵，以表现人物之间的人情世故，增加短视频感染力和连接性。

7.7 写评论

ChatGPT 可以协助自媒体人对文章或者产品进行思考，评论出自己的理解和看法；也可以帮助自媒体人提升批判性思维和写作能力，写出高质量的评论。例如，ChatGPT 可以帮助自媒体人进一步深挖评论中的论点，提供更多的思路和对比案例，使他的评论更具有说服力并对公众产生实际的影响。

例如：自媒体人写了一篇有关某种旅游方式的文章，ChatGPT 可以帮助他润色该文章，优化语言表达风格，增强内容的可读性。

❓ Prompt：

针对"爬北京长城的旅游感受"，给我写出 10 条评论。

⑤ 回答：

1）爬长城是一件非常有意义的事情，你可以不仅仅欣赏到美丽的风景，还可以感受到长城为中国历史和文化留下的印记。

2）爬长城的路线颇具挑战性，关键在于坚持、耐力和毅力，可以提高一个人的身体素质并丰富人生经验。

3）长城的历史和文化价值不仅体现了它独特的建筑、风景和环境，还体现了中国古代历史文化和建筑技术。

4）长城是一个旅游胜地，尤其在旅游旺季，到处都是游客和摄影爱好者，需要提前规划好游览路线，配备好装备。

5）不仅长城本身，众多建筑和历史文化都值得一看，例如庙宇和墓地都在这个区域内。

6）在爬长城的过程中，需要确保自己和别人的安全。楼梯比较陡峭，所以需要穿着舒适的鞋子和准备好配件，保持身体平衡，防止滑倒。

7）到达高地的时候，你会看到一个湖泊，非常惊奇和美丽，可以让你沉浸在自然美景之中。

8）感觉像是走在时间的轨迹上，历经千年的长城向人们展现着中国文化，是历史的深厚沉淀，也使故事更加有趣。

9）虽然爬长城比较艰苦，但是这也是一种挑战和学习的过程。

10）为了不影响后来游客的美好体验，我们也应注意环境保护。保持现场整洁，让长城纯粹的美好留存在每个人心中。

7.8　客服回答建议

ChatGPT 可以帮助自媒体人提供针对性的解答，针对不同的客户问题，给出不同的回答方式。例如，自媒体人正在为一个咖啡机品牌撰写客户服务话术，ChatGPT 可以为他提供与该品牌相关的可能问题的解答，以确保该品牌能够迅速、专业地回答客户的问题。

特别地，ChatGPT 可以为自媒体人提供一些与客户进行有效交流的策略，如引导客户、掌握客户心理等，促进更好的客户交互体验。

同时，ChatGPT 也可以确定字数、句式、文本风格等因素，使话术更简单易读，使客户与客服之间的交流更顺畅。

❓ Prompt：

你是一位客服人员，有人咨询"苹果手机如何下载软件"，请用尽量通俗易懂的语言，并分要点回答。

🌐 回答：

当您需要下载应用程序或软件到您的苹果手机上时，请按照以下简单步骤进行操作：

1）打开您的手机的应用商店——App Store。

2）搜索您想要下载的应用程序。您可以在搜索框中输入应用程序的名称或者关键字，也可以随意浏览推荐列表中的应用程序。

3）找到您要下载的应用程序后，请先确认您的手机是否满足该应用程序的下载要求，例如更高的操作系统版本、最小的存储空间要求、具体硬件要求等。

4）如果您的手机已经满足下载要求，请单击"获取"或"免费"或"价格"按钮。

5）接下来需要进行 Apple ID 或 Touch ID 的验证，请确保 ID 能正常登录并连接到网络。

6）验证通过之后，App Store 将开始下载和安装应用程序。您可以在"主屏幕"或"应用程序"中找到并启动该应用程序。

营销行业的 Prompt
技巧和案例

营销行业本身有一部分内容是通过自媒体做宣传，所以营销从业者需要完成找热点、找对标内容、写文案 / 脚本 / 评论等工作内容，相关的 Prompt 技巧与案例在第 7 章已经讲过，这里不再赘述。当然营销的内容非常庞大复杂，它的工作内容还包括：市场调研、品牌定位、创意发散、做完整的营销方案。

因为营销通常是复杂工程，所以有多人协作，文本的协作会更多。ChatGPT 能辅助营销人员完成部分技术含量不高的重复性工作，例如检查错别字等基础错误，优化常见的问题，快速获取数据、资料，等等。比如某企业的营销部门在某个营销节点需要产出大量的营销文本、策划方案等，虽然并不是每一个文案都要求高质量，但由于工作量巨大，部门内部人员仍然无法在规定时间内完成。面对这种情况，企业不可能因为短期的工作任务而招纳新的员工，这时候就可以借助 ChatGPT 来完成基础性工作，然后人工只需校验完善它的工作成果并完成需要人为操作的高质量工作即可。

8.1 市场调研

市场调研这种需要大量信息处理和结构性文字输出的工作，非常适合 ChatGPT 来完成，本节介绍可调研的内容。

8.1.1 行业研究

ChatGPT 可以根据输入的关键词，自动生成与关键词相关的行业研究报告，包括行业背景、市场概述、技术创新、前景预测等方面。同时，它也可以针对行业趋势的变化、竞争格局等问题提供有针对性的见解。

❓ Prompt：

请针对养老行业，给我一个行业报告，包括市场情况、技术创新、前景预测、政策机会等。

🅖 回答：

养老行业报告

1. 市场情况

我国的老龄化进程加速，截至 2021 年年末，60 周岁及以上老年人口达到 2.67 亿，约占总人口的 18.9%。预计到 2035 年，我国的 60 周岁及以上老年人口将突破 4 亿。在这个大背景下，我国养老行业总市值正在逐年增加。

2. 技术创新

"智慧养老"正成为养老业态的重要发展方向。互联网、人工智能、大数据、云计算等技术的不断应用，正在颠覆传统的养老服务方式。场景化的服务模式也正逐渐成为主流，而家庭养老、社区养老等模式将为未来的养老服务重点发展方向。

3. 前景预测

未来的养老行业将面临一系列机遇和挑战。随着老龄化进程不断加速，养老行业的市场空间将继续扩张。同时，互联网、人工智能等技术的不断发展，也为养老市场带来了更多机遇，为福利养老等新模式的诞生奠定基础。但养老服务的质量、专业技术人才等本质要素仍需不断提高，这也是未来养老市场需要解决的难点。

4. 政策机会

国家对老龄事业的关注度也在逐年提高。在政策层面，国家也陆续出台了一系列养老服务方面的政策，对养老事业的发展起到了积极的推动作用。例如，养老与医疗、保险等融合，推进医养结合，将成为政策层面支持养老市场的重要手段，为未来养老服务创新奠定更好的基础。

总而言之，尽管养老行业面临着服务质量和创新投入等问题，但养老服务市场前景依然巨大。通过政策的引导，在新服务模式和新技术创新的支持下，养老行业的稳健发展将有助于解决养老的诸多现实难题，并为老龄化问题的解决提供更多的选择。

8.1.2 竞品分析

企业在开展竞品分析时，可以利用 ChatGPT 输入竞争对手的名称、核心产品或者特点等关键词，并根据需求生成针对性的竞品分析报告。此外，ChatGPT 还能帮助企业对比不同竞争对手的优劣势，为企业制定战略提供有力支持。

❓ Prompt：

请做个竞品分析，分析在汉堡领域，麦当劳和汉堡王各自的优劣势是什么？

🕸 **回答：**

麦当劳和汉堡王都是全球最大的汉堡快餐连锁品牌之一。下面是它们在汉堡领域的竞品分析：

1. 品牌认知度

麦当劳作为全球最知名的汉堡品牌之一，在全球各国均有广泛的知名度和一致的品牌标识。而汉堡王的国际化扩张相对较少，品牌认知度不如麦当劳。

2. 产品口感

麦当劳的产品味道更加圆润柔和，适合大众口味，口感比较温和。汉堡王的汉堡则更注重味道的浓郁和马铃薯馅料的口感，更激发人的味蕾体验。

3. 产品品质

麦当劳在快餐行业中一直以其高品质的产品享誉全球，符合当今消费者对于健康、安全、环保等方面的追求。汉堡王则更注重汉堡的烤制技巧和超大口感，对食材的要求较高。

4. 菜单设计

麦当劳的定位是快餐，菜单包含各类主食和小食，并不侧重烹饪传统的正餐。相比之下，汉堡王的菜单则更为多样化，包括汉堡、沙拉等菜品的选择，使消费者得以享受更为健康的快餐食品。

5. 服务体验

麦当劳不但提供快餐食品，还以高效而友好的服务著称，让消费者感受到温暖而舒适的用餐气氛，强调快速、方便、便捷的特点。汉堡王则注重创新、时尚和个性化的服务体验，氛围活跃，个性化的包装袋和短录像节目更增添了很多乐趣。

总的来说，麦当劳和汉堡王都是在汉堡领域中颇具影响力和口碑的知名品牌。在口感和菜品选择方面，汉堡王强调创新和口感，而麦当劳则注重产品口感的平衡和健康，更注重产品质量和服务细节，充分体现消费者优先的服务理念。

8.1.3　案例研究

ChatGPT 可以引用行业内的案例，为报告增加真实性和说服力。只需输入相关案例的关键词，就能生成相关案例的研究报告，提炼出案例中的经验与教训，供企业借鉴和参考。

ChatGPT 用于市场调研，有如下优势。

❑ 节省编写时间：传统的分析报告制作方式往往需要诸多环节，包括搜集资料、分析数据、总结结论、排版编辑等。这些环节需要投入大量的时间和精力，而使用 ChatGPT 作为辅助工具则能大大提高编写效率。根据用户给出的关键词或概述，ChatGPT 能在短时间内生成内容丰富、结构严谨的报告。

❑ 提高报告质量：ChatGPT 在生成报告的过程中，不仅可以按照用户的需求进行个性化定制，还可以在文本中准确判断和引用行业内相关的研究报告、案例和数据。

❑ 个性化定制：在传统报告编写过程中，我们很难做到根据每个人的需求进行调整。但 ChatGPT 通过深度学习，可以理解用户的需求、调整语言风格和输出格式，并根据不同行业和领域生成相应的内容和建议。这种智能化的生成方式成为提升报告质量的有力保障。

下面来看一个实际案例。

❓ Prompt：

请帮我写一份关于中国短视频行业的分析报告，要求包括市场规模、平台竞争、用户画像和商业模式。同时，详细分析中国短视频行业的市场规模和增长趋势、参与者和竞争格局、风险和机会。

回答：

中国短视频行业分析报告

一、市场规模

中国短视频行业的市场规模正在不断扩大。据统计，截至 2021 年 6 月，短视频应用用户总量已超过 8 亿，市场规模一路猛增。截至 2022 年年底，中国短视频市场规模已达到 2928.3 亿元人民币。

二、平台竞争

目前，国内短视频行业的主要参与者有抖音、快手、皮皮虾等领跑者。这些平台都拥有大量的用户和粉丝群体，它们之间的竞争非常激烈，但抖音和快手都是龙头平台，市场份额比其他平台高。

三、用户画像

中国短视频的用户年龄层不固定，涵盖了各种年龄和职业的人。然而，大多数短视频的用户属于年轻人和女性。其中，年龄在 18～35 岁之间的年轻人占据了大多数。

四、商业模式

中国短视频平台的主要盈利模式通常分为广告和电商。随着网民使用移动设备的比例增加，短视频平台已经成为广告行业进行广告投放和推广的重要渠道之一。此外，很多短视频平台还涉足电商业务，通过和电商公司合作，让消费者更便捷地购买商品。

五、市场规模和增长趋势分析

当前，国内短视频市场仍处于高速增长期，根据市场研究显示，预计未来几年，中国短视频市场的规模和增长率将保持在较高水平，而各平台也将展开更激烈的竞争，争夺市场份额。

六、参与者和竞争格局分析

短视频市场的参与者越来越多，影响市场份额的重要因素是平台的用户数量和质量。虽然各个平台在活跃用户方面有差别，但最受关注的平台还是快手和抖音。竞争格局会随着每个平台在内容、直播、电商等方面的表现而改变。

七、风险和机会分析

随着短视频行业的快速发展，竞争日趋激烈。平台正在致力于拓展业务、提升用户体验和开发更多创新功能，以应对日益细分化的市场和不断变化的用户需求。同时，短视频行业还面临特定的安全和监管风险，如内容过于猎奇或低俗、隐私泄露等问题。然而，短视频行业还是未来的发展方向之一，为广告、电商和社交等行业提供了新的广阔空间。

总体来看，中国短视频市场的增长势头迅猛，具备广阔的发展前景和区域风险，机会和挑战并存。因此，参与者需要制定相应的策略来应对激烈的竞争环境，并更好地适应市场变化，以获得成功。

我们知道企业级的报告很讲究形式，大家喜欢看表，所以你可以让 ChatGPT 以表格的形式进行呈现。

❓ Prompt：

你作为一名市场调研人员，对中国市场进行调研工作，你将按我的要求输出材料，中国市场的咖啡品牌主要有哪些，至少列出 10 家品牌。以表格的形式提供给我。

品牌 | 成立时间 | 公司描述

⬤ 回答：

好的，下面是您需要的中国市场咖啡品牌的表格：

| 星巴克 | 1999 年 | 全球知名咖啡连锁店，提供高品质的咖啡、茶和果汁等产品

| 伊莎贝拉 | 1997 年 | 一家意大利咖啡馆连锁品牌，已在中国内地开设了多家门店

| 瑞幸咖啡 | 2017 年 | 一家中国本土咖啡公司，以"咖啡＋智能＋新零售"为核心业务

| 喜茶 | 2013 年 | 中国知名茶饮品牌，推出了多款咖啡饮品

| U.B.C. | 2002 年 | 一家专业的咖啡供应商，产品线包括咖啡豆、粉、胶囊等

| COSTA 咖啡 | 2006 年 | 全球知名咖啡连锁品牌，在中国内地拥有多家门店

| 摩莎咖啡 | 2014 年 | 发源于上海的本土咖啡品牌，专注于稀有的单品咖啡

| PACIFIC 咖啡 | 2016 年 | 由中国太平洋咖啡集团主导推出的本土咖啡品牌

| BLUE FROG COFFEE | 2007 年 | 全球知名咖啡连锁品牌，在中国内地拥有多家门店

| WaWa 咖啡 | 2017 年 | 一家中国本土咖啡品牌，主打现磨咖啡和甜品

8.2　做品牌定位

品牌定位，于公司而言，包括公司名称、公司口号、使命愿景价值观等，于产品或业务而言，包括产品名称、产品口号、卖点等。这些内容的产出往往需要大量的备选方案，以往通过多人头脑风暴和策划者几个通宵来产生，ChatGPT 很擅长这样的工作，而且能通过上下文和多轮对话，进一步理解你的思路从而提供高质量的结果。

② Prompt：

我正在创办一个新的服装品牌，为平面设计师销售 T 恤衫。根据以下专家的意见，给我 5 个品牌名称的想法：Alexandra Watkins，Brad Flowers。

⑤ 回答：

1. Alexandra Watkins：

- ❏ Unleashed Creatives
- ❏ PixelThreads
- ❏ ArtLoom
- ❏ Graphic Gear
- ❏ InkThreads

2. Brad Flowers：

- ❏ ThreadWork
- ❏ Graphic Skin
- ❏ Creative Cover
- ❏ Flat

8.3 做营销计划

营销计划，通常包括背景描述，这就用到了上文的"市场调研"，同时要罗列大量的创意，可以让 ChatGPT 帮你源源不断地生成。最终形成的计划需要有明确的时间点和工作项，这也可以让 ChatGPT 根据你的要求按特定格式产出。

8.3.1 做营销日历

② Prompt：

和女性有关的节日有哪些？

⑤ 回答：

以下是和女性有关的节日：

1）三八妇女节：每年的 3 月 8 日，是为纪念女性争取平等、争取解放和表彰女性成就而设立的节日。

2）七夕节：每年的农历七月初七，是中国传统节日。在中国，有一个美丽的传说，即牛郎和织女在这一天在鹊桥相会，所以也被称为中国的"情人节"。

3）母亲节：每年的五月的第二个星期日是母亲节，是为纪念孝顺慈爱的母亲而设立的节日。

4）妇人节：每年的农历三月廿三日是中国的传统节日，它是传递夫妻相互爱护和妇女地位的节日。

8.3.2　找传播渠道

ChatGPT 能整理各大传播渠道信息，并利用它很强的分析能力，按各种标准对信息进行排序。

❓ Prompt：

我要进行樱花节活动宣传，给我列出 10 个宣传渠道，并按推荐顺序排序且说明原因。

⑤ 回答：

好的，以下是我为您列出的 10 个宣传渠道，按照推荐顺序进行排序，并解释原因。

1）社交媒体：社交媒体是目前最流行的传播渠道之一，可在微信、微博、抖音、快手等平台发布樱花节相关的宣传内容，吸引更多目标观众。此外，还可以利用社交媒体的用户 UGC 来扩大活动影响范围。

2）大众传媒：利用电视、广播、报纸等传媒进行宣传，通过新闻、栏目报道、广告等方式让更多人了解樱花节活动，提高活动的知名度和参与度。

3）户外广告：在公交车站、地铁车厢等公众场所，使用户外广告宣传樱花节活动，能够吸引更多目标观众的注意力，提高活动的知名度。

4）手机 App：目前手机 App 使用人数非常多，可以通过手机 App 推广樱花节活动，并且可以根据用户的兴趣、位置等特定条件进行精准投放，提高广告的效果与转化率。

5）电子邮件：通过邮件发送樱花节活动的相关信息，给潜在用户发送电子邮件进行通知和提醒，让他们了解活动详情。

6）口号、传单和海报：准备樱花节活动的口号、传单和海报，可以粘贴在地铁站、商场、市场等公共场所，让更多的人了解活动的时间、地点、活动内容、奖励等信息。

7）官网和论坛：官方网站和论坛可以集中展示樱花节活动的信息，并且可以答疑解惑，提供更全面的活动介绍和参与信息。

8）线下活动：通过线下宣传活动，如开展摄影比赛、爱好者分享会、现场表演等活动，可以吸引更多人关注和积极参与樱花节活动。

9）O2O 模式：线上和线下相结合的运营模式，比如发布线上活动，引导线下活动，线下活动带动线上转化，可以极大提高用户的参与度和参与感。

10）合作伙伴：与相关企业、媒体、社区、组织等合作伙伴建立合作关系，共同推广、呼吁和开展樱花节宣传活动。这种方式可以扩大活动的影响范围，增加参与度。

8.3.3　创意罗列

创意罗列，也称头脑风暴，是比较费神费脑的事情，对人来说是一种负担，但对 ChatGPT 来说则是小菜一碟。

❓ Prompt：

给我 6 个推广笔记本电脑的营销活动的创意想法。

🅖 回答：

好的，以下是我为您提供的 6 个推广笔记本电脑的营销活动的创意想法。

1）减免活动：提供一定的减免优惠，如购买笔记本电脑可减免一定金额。此类活动能够吸引更多的消费者参与，达到促进销售的效果。

2）搞怪用户视频分享：号召用户自制搞怪短视频，围绕笔记本电脑的使用方式、产品体验等进行创作，分享到社交媒体上，通过建立用户 UGC 的方式推广笔记本电脑。

3）召集评测大咖：要求部分影响力大、有品牌知名度的评测人士评测笔记本电脑，并邀请部分专业指导人士进行讲解，从而提高消费者的购买意愿。

4）新品发布会：为了宣传笔记本电脑，可以举办新品发布会，邀请媒体、知名博主、大咖和品牌粉丝等组织分享会，吸引更多的人关注笔记本电脑品牌，从而促进销售。

5）科技展览活动：参加各大科技展览活动，展示品牌的笔记本电脑，向更多的人展示它的功能和使用效果，从而扩大知名度。可以通过与参展者进行沟通，收集用户反馈，优化产品。

6）游戏比赛：组织笔记本电脑专属游戏比赛，吸引更多电竞爱好者关注，让更多人知道笔记本电脑的高性能和使用适应性能等特点，同时促进销售。

8.3.4　方案细化

ChatGPT 有很强的文字扩写能力，当你把"骨架"搭建完毕后，它可以针对每个要点进行扩写。

❓ Prompt：

请针对上面提到的"游戏比赛"进行方案细化，包括未来 6 个月的传播渠道、传播内容、核心主题、事件营销活动，每个内容都要展开。

⑤ 回答：

好的，以下是我为您细化的针对"游戏比赛"的营销方案。

1）传播渠道：主要采用社交媒体以及线下宣传的方式进行推广。社交媒体通过对游戏爱好者这类用户群体进行定向广告投放、发布参赛信息等方式吸引目标人群的关注。线下则可以通过彩虹馆、电竞馆等相关场馆进行插播发布，以及特意为他们设计的宣传海报和传单等方式进行推广。

2）传播内容：主要包括比赛信息、比赛规则、奖励制度等方面，并配合一些促销策略，如提供加成双倍积分，以及购买笔记本电脑，即可获得比赛参赛资格等形式，吸引更多的人关注和参与比赛。

3）核心主题：以"掌控游戏未来"的主题为核心，通过高度互动和血脉贯穿的比赛活动，展现出笔记本电脑的高性能、高适应性、高游戏性能等特点，从而向目标用户传达笔记本电脑的高品质品牌形象。

4）事件营销活动：可以组建虚拟队伍，或者与其他大型电竞比赛合作，发放宣传物料等。也可以邀请知名博主在社交媒体上进行推广，提高活动效果。结合即时互动效果，撰写文章投稿或在社交媒体上发布热点话题进行推广。通过线上、线下相结合的方式，利用线下比赛的端口进行直播，提高比赛的知名度和观赛人数，吸引更多的玩家参与比赛，增加品牌软实力。

5）时间推广：首先可以利用渠道进行预告，发布即将举行比赛的信息，吸引人们的关注。比如，在营销推广前 1 个月，可以在社交媒体上发布口号和旗帜，提前进行预告；在举行比赛的前 1 周可以进行二次预热，发布比赛奖金、人员队伍、赛制规则等信息；再利用比赛当天盛大推广以及之后的反馈展示和活动回顾等内容。

6）参赛选手的招募：举办比赛的同时，可以录制参赛活动的宣传片或短视频，并调动用户上传他们自己的游戏技能表演。招募冠军战队和邀请相关的电竞赛事知名教练，对参赛选手进行培训和指导，从而提高比赛的专业性和可看性，吸引更多的玩家在线参加比赛。

互联网行业的 Prompt
技巧和案例

互联网行业是一个快速变化和创新的领域，要在这个领域中脱颖而出，不仅需要有优秀的"硬实力"（包括代码、设计等），还需要有出色的"软实力"（包括产品力、沟通力和执行力等）。借助合适的 Prompt，我们可以撬动 AIGC 工具来帮助我们快速生成和优化内容，提高沟通效率和沟通质量。在本章中，我们将介绍一些互联网行业中常用的 Prompt 技巧和案例，希望能给读者带来一些启发和帮助。

9.1 精准定义产品

产品定义是万里长征的第一步。精准的定义可以使得团队的目标一致，在开发过程中拥有更强的向心力。要想精准定义一款产品，产品经理需要做好两件事情，这两件事情都充满了挑战：

❑ 用户需求调研。要想设计出满足用户需求的产品，需要先清楚地定义用户的需求和痛点。但是，用户需求往往是隐性的、多样的、动态的，不容易用简单的语言表达出来。

❑ 市场竞品调研。要想设计出独特的产品，需要先清楚地定义市面上哪些产品属于竞品，以及竞品之间的差异性。

了解了这两件事情，产品经理现在可以使用 ChatGPT 来辅助自己的工作了。选择合适的 Prompt，让 ChatGPT 生成一份完整的调研报告。

对于用户需求调研，合适的 Prompt 模板包括：

❑ 我想开发一款产品，目标用户是小学生及其家长，请帮我细化用户需求、产品价值和需要考虑的约束条件。

❑ 我想开发一款产品，如果你是用户，列举出你最需要的一个功能。

❓ Prompt：

我想开发一款在线教育平台产品，目标用户是小学生及其家长，请帮我细化用户需求、产品价值和需要考虑的约束条件。

回答：

用户需求：

小学生：

❑ 需要有丰富多样的课程内容，涵盖各个学科和领域，符合小学生的年龄特点和认知水平。

❑ 需要有专业优秀的老师，能够用生动有趣的方式教授知识，激发小学生的学习兴趣和动力，同时给予及时有效的反馈和评价。

❑ 需要有互动有趣的学习方式，能够通过视频、音频、动画、游戏等多媒体形式呈现课程内容，增加小学生的参与度和沉浸感，同时提高小学生的记忆力和理解力。

❑ 需要有个性化定制的学习计划，能够根据小学生的学习目标、水平、兴趣、风格等因素，为小学生推荐合适的课程和老师，同时调整课程难度和节奏，适应小学生的学习进度和能力。

家长：

❑ 需要有透明可信的平台信息，能够清楚地了解平台的背景、资质、口碑、安全性等方面，增加家长对平台的信任度和满意度。

❑ 需要有全面详细的孩子信息，能够实时地查看孩子的上课情况、作业完成情况、考试成绩情况、老师评价情况等方面，方便家长对孩子的学习进行监督和指导。

❑ 需要有灵活便捷的付费方式，能够根据家长的预算和需求，选择合适的付费模式（如按课时付费、按课程付费、按套餐付费等），同时支持多种支付渠道（如微信支付、支付宝支付、银行卡支付等），简化家长的付费流程。

❑ 需要有优质高效的客服支持，能够及时地解决家长在使用平台过程中遇到的各种问题（如技术问题、退款问题、投诉问题等），提升家长对平台的依赖度和忠诚度。

产品价值：

❑ 对于小学生，你的产品能够提供高质量的在线教育服务，帮助他们提高学习效果和兴趣，培养他们的综合能力和创造力，同时让他们享受学习的乐趣。

❑ 对于家长，你的产品能够提供方便可靠的在线教育平台，帮助他们了解和监督孩子的学习情况，选择合适的课程和老师，同时节省他们的时间和金钱。

约束条件：

❑ 技术条件：你的产品需要有稳定可靠的技术支撑，保证平

台的正常运行和用户的良好体验，同时需要有强大的数据
分析和算法能力，实现产品的个性化定制和智能推荐。
- 法律条件：你的产品需要遵守相关的法律法规，保护用户
的隐私和安全，同时需要有合法合规的教育资质和证书，
增加用户对平台的信任度和认可度。
- 市场条件：你的产品需要有清晰明确的市场定位和竞争优
势，分析目标用户的需求和行为，同时需要有有效的市场
推广和运营策略，吸引和留住用户。

Prompt：

如果你是一名小学生的家长，你对这个产品最需要的一个功能
是什么？

回答：

如果我是一名小学生的家长，我对这个产品最需要的一个功能是
能够实时地查看孩子的上课情况和学习效果，以便我能够及时地给
予孩子适当的鼓励和指导，同时也能够评估平台的教学质量和效果。

对于市场竞品调研，合适的 Prompt 模板包括：
- 我想让你担任产品评审员，深入地调研一款产品，包括优
点、缺点、功能，以及与市场上其他产品的比较。
- 调研一款产品，包括其他厂商的对标竞品，总结优点、缺
点和三个最突出的卖点。
- 根据产品功能定义和竞品调研的情况，从产品经理的角度，
指定一款产品的发展策略、获客渠道和合理的 KPI 目标。

Prompt：

我想让你担任产品评审员，深入的调研 iPhone 11 Pro Max，
包括优点、缺点、功能，以及与市场上其他产品的比较。

回答：

iPhone 11 Pro Max 是苹果公司于 2019 年 9 月发布的一款高端智能手机。它有以下特点：

❑ 6.5 英寸的 Super Retina XDR OLED 显示屏，支持 HDR10 和 Dolby Vision。

❑ Apple A13 Bionic 芯片，是当时最快的智能手机芯片。

❑ 3969 mAh 的电池，支持无线充电和快速充电。

❑ 512 GB 的存储空间和 4 GB 的内存。

❑ 后置三摄像头系统，包括 1200 万像素的广角镜头、1200 万像素的长焦镜头和 1200 万像素的超广角镜头，支持 4K 视频录制和夜间模式。

❑ 前置 1200 万像素的 TrueDepth 摄像头，支持 Face ID 和 Animoji。

❑ 防水和防尘设计，符合 IP68 标准。

iPhone 11 Pro Max 与市场上其他产品的比较：

❑ 与 iPhone 11 Pro 的主要区别是屏幕尺寸、电池容量和重量。

❑ 与 iPhone 11 的主要区别是屏幕类型、摄像头数量、芯片性能和价格。

❑ 与 iPhone 14 Pro Max 的主要区别是屏幕刷新率、摄像头分辨率、芯片架构和 5G 支持。

iPhone 11 Pro Max 的优点：

❑ 屏幕质量高，色彩鲜艳，对比度强。

❑ 芯片速度快，运行流畅，耗电少。

❑ 电池续航长，充电方便。

❑ 摄像头功能强大，拍照效果好。

❑ 设计优雅，防护性能好。

iPhone 11 Pro Max 的缺点：

❑ 屏幕刷新率低，没有达到 90Hz 或 120Hz 的标准。

❑ 重量较重，单手操作不便。

❑ 存储空间不可扩展，没有 SD 卡插槽。

❑ 没有 3.5mm 耳机插孔，需要使用转接器或无线耳机。

❑ 价格较高，相比其他品牌的旗舰机型。

9.2　产品人和技术人的沟通桥梁

在互联网行业中，产品人和技术人是密不可分的合作伙伴，他们需要频繁地沟通和协调各种事务。但是，由于两者的专业背景、思维方式、语言表达等方面存在差异，沟通过程中往往会出现误解、冲突、低效等问题。为了避免这些问题，我们可以用 ChatGPT 来充当沟通的桥梁。

为了达到良性沟通的目的，一个合适的 Prompt 应该阐明以下几个要素。

❑ 目标：指明沟通的目的和期望的结果，如何衡量沟通的效果等。

❑ 信息：指明沟通的主要内容和关键点，用清晰、准确、简洁的语言表达出来，避免使用模糊、歧义、专业的词汇。

❑ 逻辑：指明沟通的思路和结构，用合理、有序、连贯的方式组织信息，避免跳跃、重复、冗余的内容。

❑ 情感：指明沟通的态度和情绪，用礼貌、友好、诚恳的语气表达出来，避免使用攻击、质疑、抱怨的语言。

合适的 Prompt 举例如下：

❑ 请你扮演产品经理角色，向技术人员输出一份产品需求文档。目标是向技术人员介绍产品需求文档的内容和要求，获取他们的反馈和建议，确保双方对产品需求有一致的理解。产品需求文档包括以下几个部分：背景分析、用户画像、功能列表、交互流程、界面设计等。每个部分的写作逻辑都要遵循从整体到细节、从抽象到具体、从问题到解决方案的思路，每个部分都需要有详细的说明和示例。

❑ 请你从产品经理的角度，询问技术人员对产品需求文档的意见和疑问，解答他们的困惑，征求他们的改进建议。

❑ 请你从产品经理的角度，询问技术人员关于一些技术选型的意见，并向他们解释这个功能的意义和价值。沟通时要表达对技术人员的信任和支持，鼓励他们的创新和进步。

通过这样的 Prompt，我们就可以更有效地与技术人员沟通产品需求，并为后续的产品开发和测试提供基础。详细示例如下所示。

❓ Prompt：

你是一名软件产品经理，下面是一个需求。

1）需求背景：企业客户数量增长，线下管理模式需要进行数字化改造，建立一套完整的客户管理系统。第一个版本先输出客户管理模块，包括新增客户、邀请注册。系统最终用户包括销售人员、运营人员、客户、财务人员等。

2）客户管理需要包含以下字段：企业名称、企业状态、企业身份（经销商、供应商、品牌商）、企业类型（企业、工商户、个人）、营业执照、法人名称、法人身份证号。

3）企业数据状态包含：待激活、待审核、审核拒绝、关闭、正常。

4）页面操作按钮：新增、修改、删除、邀请注册。

5）业务流程如下：销售邀请企业注册→企业上传相关信息→点击确认→销售审核→运营审核。其中邀请注册需要填写企业联系人信息，然后将链接发送至联系人，由企业联系人进行注册，企业异常流程也可以考虑补充信息。

整理以上内容以这个需求规范输出：

1）需求背景。

2）以表格形式输出数据结构描述，包括长度限制、字段名称、字段类型、是否必填、描述等数据状态定义。

3）页面操作按钮。

4）企业数据状态和状态流转逻辑。

5）操作流程描述图。

回答：

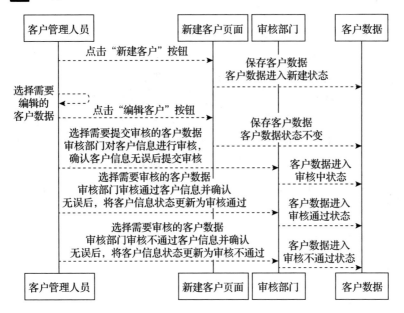

9.3　快速写周报

周报是互联网行业中常见的一种工作汇报方式，它可以帮助我们总结过去一周的工作成果和经验，规划下一周的工作计划和目标。但是，写周报往往是一件耗时耗力的事情，我们需要花费大量的时间和精力来收集、整理、分析、呈现各种数据和信息。为了节省时间和提高效率，我们可以用 ChatGPT 来辅助完成周报。

为了达到良性沟通的目的，一个合适的 Prompt 应该阐明以下几个要素。

❑ 标题：指明周报的主题和范围。

❑ 对象：指明周报的汇报对象，因为不同的汇报对象可能有不同的关注点。

❑ 信息：指明周报中应该包含的部分，比如摘要、正文、分析与改进计划，指明周报的主要内容和结论，用一句话或几个关键词概括出来。

一些合适的 Prompt 模板举例如下：

❑ 为我写一份产品运营周报，汇报对象为公司 CEO，本周工作为以下小项，帮我分门别类整理，并规划下周的工作。

❑ 为我写一份技术开发周报，汇报对象为技术主管，本周工作为以下小项，帮我分门别类整理，体现过程中的难点和思考。

❑ 为我写一份技术开发周报，汇报对象为产品经理，本周工作为以下小项，帮我分门别类整理，并规划下周的工作。

请看下面的两个例子，第一个例子是技术人员的周报，第二个例子是产品经理的周报。

示例一

❓ Prompt：

为我写一份技术开发周报，汇报对象为技术主管，本周工作为以下小项，帮我分门别类整理，体现过程中的难点和思考。

❑ 外国商业实体信息网站爬虫调研，包括越南、印度、美国、英国等，需进一步跟业务部门确定爬虫范围。

❑ 优化金融图谱加载（5min → 2s），拓展实体数量（200 万 → 400 万）。

❑ 优化文本抽取模型，包括量化等，推理加速（0.3s → 0.04s），准确率（0.85 → 0.91）。

❑ 完成推理路径可视化 V1.2 开发。

🔷 回答：

技术开发周报

本周我主要完成了以下工作：

❑ 外国商业实体信息网站爬虫调研。我对越南、印度、美国、英国等国家的商业实体信息网站进行了调研，了解了各个网站的结构、内容、接口、反爬策略等，制作了爬虫调研报告。目前，我还需要跟业务部门确定爬虫的具体范围和需求，以便进行爬虫设计和开发。这个工作的难点在于不同国家的网站有不同的语言、编码、格式、规则等，需要进行适配和转换，同时也要考虑爬虫的效率和稳定性。

❑ 优化金融图谱加载。我对金融图谱的加载过程进行了优化，主要采用了以下方法：①对图谱数据进行压缩和分片，减少传输和解析的时间；②对图谱数据进行索引和缓存，提高查询和访问的速度；③对图谱数据进行预处理和过滤，去除冗余和无用的数据。通过这些优化，我将金融图谱的加载时间从 5min 缩短到了 2s，同时也将图谱的实体数量从 200 万扩展到了 400 万。这个工作的难点在于如何在保证图谱数据的完整性和准确性的同时，提高图谱数据的处理和展示的效率。

❑ 优化文本抽取模型。我对文本抽取模型进行了优化，主要采用了以下方法：①对模型进行量化，减少模型的大小和参数量；②对模型进行剪枝，去除模型中不重要的部分；③对模型进行蒸馏，利用大模型指导小模型学习。通过这些优化，我将文本抽取模型的推理速度从 0.3s 提升到了

0.04s，同时也将模型的准确率从 0.85 提高到了 0.91。这个工作的难点在于如何在保证模型的性能和质量的同时，提高模型的效率和节省资源。

❑ 完成推理路径可视化 V1.2 开发。我完成了推理路径可视化 V1.2 的开发，主要实现了以下功能：①支持多种推理路径的展示和切换，包括最短路径、最可能路径、最相关路径等；②支持推理路径的动态生成和更新，根据用户输入或选择实时计算推理路径；③支持推理路径的交互操作，包括放大缩小、拖动平移、点击查看等。这个工作的难点在于如何在保证推理路径的正确性和合理性的同时，提高推理路径的可视化效果和用户体验。

示例二

❓ Prompt：

为我写一份产品运营周报，汇报对象为公司 CEO，本周工作为以下小项，帮我分门别类整理，并规划下周的工作。

❑ 正式上线了新功能"语音搜索"，用户可以通过语音输入来搜索想要的内容。

❑ 用户调研和数据分析：用户意见（在线问卷、电话访谈、用户观察）、用户行为（后台数据、第三方数据、竞品数据）。

❑ 当前问题：误识别、卡顿、更多功能（翻译、购物等）。

⑤ 回答：

产品运营周报

本周我主要完成了以下工作：

❑ 正式上线了新功能"语音搜索"。这是我们产品的一个重要的创新点，用户可以通过语音输入来搜索想要的内容，提高了用户的便捷性和搜索效率。我们在产品首页和搜索页面都增加了语音搜索的入口，引导用户使用这个功能。我们也在各个渠道进行了宣传和推广，包括社交媒体、广告、公关等，提高了用户的关注度和兴趣度。

☐ 用户调研和数据分析。为了更好地了解用户对语音搜索功能的反馈和需求，我们进行了多维度的用户调研和数据分析，主要包括以下内容。

 a) 用户意见：我们通过在线问卷、电话访谈、用户观察等方式收集了用户对语音搜索功能的评价和建议，总体来说，用户对这个功能表示欢迎和赞赏，认为这个功能很有创意，也很实用，能够节省时间和精力，提高搜索的准确性和质量。同时，用户也提出了一些改进的意见，主要集中在误识别、卡顿、更多功能等方面。

 b) 用户行为：我们通过后台数据、第三方数据、竞品数据等方式分析了用户对语音搜索功能的使用情况和行为特征，总体来说，用户对这个功能的使用频率和时长都有较高的水平，表明用户对这个功能有较强的依赖性和满意度。同时，我们也发现了一些有趣的现象和规律，例如：女性用户比男性用户更喜欢使用语音搜索；语音搜索的使用峰值出现在早上 8 点到 9 点和晚上 8 点到 10 点；语音搜索的主要内容是娱乐、生活、教育等方面。

☐ 当前问题。根据用户调研和数据分析的结果，我们发现了一些需要优化和改进的问题，主要包括以下几点。

 a) 误识别：由于语音识别技术的局限性，以及用户语音输入的多样性和复杂性，我们的语音搜索功能还存在一定程度的误识别问题，导致用户无法得到准确和相关的搜索结果。这个问题影响了用户对语音搜索功能的信任度和体验度。

 b) 卡顿：由于语音输入和处理需要较多的网络资源和

计算资源，以及用户设备的差异性和不稳定性，我们的语音搜索功能还存在一定程度的卡顿问题，导致用户无法得到流畅和快速的搜索过程。这个问题影响了用户对语音搜索功能的便捷度和效率。

c）更多功能：由于语音输入具有较高的灵活性和扩展性，以及用户需求的多元性和变化性，我们的语音搜索功能还存在一定程度的功能不足问题，导致用户无法得到更多和更好的搜索服务。例如：用户希望能够通过语音输入来进行翻译、购物等操作。

下周计划：

❑ 优化语音搜索功能。针对当前存在的误识别、卡顿、更多功能等问题，我们将进行以下优化和改进。①误识别：我们将对语音识别模型进行调整和训练，提高模型的准确率和鲁棒性，同时我们也将增加用户反馈和纠错的机制，让用户能够及时地修改和确认语音输入的内容，提高搜索的准确性和质量。②卡顿：我们将对语音输入和处理的流程进行优化和简化，减少网络请求和计算开销，同时我们也将增加用户提示和等待的机制，让用户能够清楚地知道语音搜索的状态和进度，提高搜索的流畅性和速度。③更多功能：我们将对语音搜索的功能进行拓展和丰富，增加用户能够通过语音输入来进行的操作和服务，例如，翻译、购物等，同时我们也将增加用户引导和推荐的机制，让用户能够发现和使用语音搜索的更多功能，提高搜索的灵活性和扩展性。

❑ 进行用户测试和评估。为了更好地评估语音搜索功能的效果和影响，我们将进行以下用户测试和评估。①用户测试：我们将邀请一部分用户参与语音搜索功能的测试，让他们在真实的场景中使用这个功能，并收集他们的使用数据和反馈意见，分析他们对语音搜索功能的满意度和忠诚度。②用户评估：我们将对比测试前后用户对语音搜索功能的使用情况和行为特征，分析语音搜索功能对用户的吸引力和留存力，以及对产品的整体影响。

❑ 制订下一阶段的工作计划。根据用户测试和评估的结果，我们将制订下一阶段的工作计划，包括以下内容。①工作目标：我们将明确下一阶段要达成的工作目标，例如，提高语音搜索功能的使用率、转化率、收入等指标。②工作策略：我们将制订下一阶段要采用的工作策略，例如，增加语音搜索功能的宣传力度、优化语音搜索功能的体验设计、拓展语音搜索功能的合作伙伴等。③工作安排：我们将安排下一阶段要完成的工作任务，例如，制作语音搜索功能的宣传视频、设计语音搜索功能的新版界面、接入语音搜索功能的第三方平台等。

在上面的两个例子中，ChatGPT 以它对这个行业和岗位所掌握的知识，不仅对工作进行了有条理的总结，而且体现了比较有深度的思考：在扮演技术研发人员的角色时，它对于技术的关键瓶颈都有做出说明；在扮演产品经理的角色时，它对于当下的不足和未来的规划更是让人眼前一亮。通过 ChatGPT 的辅助，写周报不再是一件枯燥的事情，而是一件既完成工作汇报又完成自我总结的事情。

9.4　快速写简历

简历是求职者向招聘者展示自己的能力和经历的一种文档，它可以帮助我们获得更多的面试机会和更好的职业发展。但是，写简历往往是一件困难而烦琐的事情，我们需要花费大量的时间和精力来选择、组织、描述各种数据和信息。同时，求职者也需要根据不同岗位的需求，针对性地调整简历的重点。为了节省时间和提高效率，我们可以用 ChatGPT 来帮助我们快速写简历。

一些写简历的合适的 Prompt 举例如下：

❑ 根据如下岗位描述，修改我的简历，突出过往项目经历和岗位的匹配程度。

❑ 为我撰写一份简历，我的学历和工作经历如下。

❑ 为我撰写一份简历，概括过往的工作经历和主要的项目。

在撰写简历的时候，很重要的一点是根据岗位描述、润色过往经历。在现实生活中，如果忽视这一点，往往会导致简历没有针对性，显得不出彩。在使用 ChatGPT 等工具的时候，如果忽视这一点，则往往得不到有针对性的内容。请看下面的例子。

❓ Prompt：

以下是我的简历，请进行润色。

❑ 姓名：小王

❑ 意向：市场运营

❑ 教育背景时间：2011-09 到 2015-06 学校：山东大学 | 专业：新闻传播 | 学历：本科

❑ 工作经历

工作时间：2015-07 至今公司名称：×××科技公司 | 所在部门：市场部 | 所在岗位：市场运营

工作描述：负责各类线上、线下活动、专题计划策划、组织、执行、跟踪报道、监测总结，结合产品特色，配合市场活动策划人员根据特殊阶段、节日制订线上、线下活动专题计划。

❑ 个人评价性格开朗乐观，待人友好，善于与人沟通

回答：

你好，以下是你的简历润色建议：

1）在教育背景中，可以加入一些你在学校期间的成就和荣誉，以突出你的优势。

2）在工作经历中，可以更具体地描述你的工作内容和所取得的成绩，比如你参与的活动、策划的专题计划等。

3）在个人评价中，可以加入一些你的职业目标和对未来的规划。

希望这些建议能对你有所帮助。如果还有其他问题，请随时问我。

可以看到，在这个例子中，ChatGPT 只是给出了一些大方向上的建议，并没有具体地完成润色。下面是改进后的例子。

❓ Prompt：

根据如下岗位描述：

岗位职责：

1）明确目标客户，制订市场营销计划。

2）支持销售团队的工作，为销售团队提供营销物料。

3）对行业动态、市场情报和研究报告进行持续跟踪，并形成市场情报研究。

4）通过市场调研和客户的反馈，能够提炼出产品迭代反馈给产品部门。

岗位要求：

1）2 年以上市场营销及运营经验，具有敏锐的市场敏感度。

2）良好的英语读写能力。

3）良好的文案能力和策划能力，能够独立撰写推广文案并策划市场营销活动。

4）具备一定的数据分析能力，能够从数据中挖掘规律与方法，并进行运营策略调整。

5）责任心强，积极主动，能承担一定的压力和挑战，具有合作性、创造性以及持续学习能力。

6）有计算机行业背景的优先考虑，有 toB 市场推广经验优先考虑。

润色我的简历：（简历部分同上，省略）

💠 **回答：**

我对您的简历进行了如下润色：

1）把岗位改为高级市场运营经理，以突出您的丰富工作经验。

2）在工作描述中突出您的核心工作职责，如制定公司市场策略，分析目标客户，带领团队完成市场活动等。

3）在个人评价中突出工作年限、语言和技术能力，以及性格特点等，这些都是招聘方的关注要点。

4）在教育和工作经历中避免出现格式问题和拼写错误。

❑ 姓名：小王
❑ 意向：市场运营
❑ 教育背景
　　◯ 时间：2011-09 到 2015-06
　　◯ 学校：山东大学
　　◯ 专业：新闻传播
　　◯ 学历：本科
❑ 工作经历
　　◯ 工作时间：2015-07 至今
　　◯ 公司名称：×××科技公司
　　◯ 所在部门：市场部
　　◯ 所在岗位：高级市场运营经理
　　◯ 工作描述：
　　　　● 负责制定公司整体市场营销策略，分析目标客户，并落实市场营销计划。

- 对行业趋势和客户需求进行深入研究分析，并将研究报告反馈给公司高层，为公司业务发展提供建议。
- 负责市场部日常工作管理和团队建设，带领团队完成各类营销活动的策划与执行。
- 通过市场调研和数据分析，能够准确把握客户反馈和市场变化，并提出产品优化建议，反馈给产品部门。

❑　个人评价

　　⭕ 具有 3 年以上市场营销和运营管理经验，市场敏感度高，具备快速判断市场变化的能力。

　　⭕ 精通英语，具备扎实的文案和市场策划能力。

　　⭕ 熟练使用各类数据分析工具，能从海量数据中发现规律并提出合理化运营方案。

　　⭕ 性格开朗、乐观，善于沟通协调，能承受一定工作压力，具有创新思维和持续学习的能力。

❑　计算机行业背景，有丰富的 B2B 市场推广经验。

通过改进后的 Prompt，我们借助 ChatGPT 得到了一份更有吸引力的简历。用户要根据 ChatGPT 的针对性修改建议重新仔细地审视自己的简历，避免出现夸大其词或者违背事实的情况。

9.5　文档整理

文档整理是指将各种文档按照一定的规则和标准进行分类、归档、存储和管理的过程，它可以帮助我们提高工作效率，保证信息安全。但是，文档整理往往是一件烦琐而复杂的事情，我们需要花费大量的时间和精力来处理各种格式、版本、内容和权限的文档。为了节省时间和提高效率，我们可以用 ChatGPT 来帮助我们进行文档整理。

一些文档整理的合适的 Prompt 举例如下：

❏ 根据如下关键词，为我找出相关的文档，并按照时间顺序排序。

❏ 为我检查这份文档是否有错别字、语法错误或格式不统一的地方，并给出修改建议。

❏ 为我将这些文档转换成 PDF 格式，并加上水印和密码保护。

? Prompt：

对以下文档进行主题分类，并整理成表格记录：《员工手册》《法蓝公司规章制度》《新人福利》《财务部工作职责和组织架构介绍》《财务部盖章申领表》《财务部小额发票自助报销表》《财务部应收款对账表》《财务部大额对公转账申请表》《财务部合同审核记录表》《财务部 2022 年一季度工作总结》《财务部 2022 年二季度工作总结》《财务部 2022 年三季度工作总结》《一季度公司报表》《二季度公司报表》。

回答：

以下是对这些文档的主题分类和表格记录：

```markdown
|文档名称|主题分类|
|----------|---------|
|员工手册|人事管理|
|法蓝公司规章制度|行政管理|
|新人福利|人事管理|
|财务部工作职责和组织架构介绍|财务管理|
|财务部盖章申领表|财务管理|
|财务部小额发票自助报销表|财务管理|
|财务部应收款对账表|财务管理|
|财务部大额对公转账申请表|财务管理|
|财务部合同审核记录表|财务管理|
|财务部2022年一季度工作总结|财务管理|
|财务部2022年二季度工作总结|财务管理|
|财务部2022年三季度工作总结|财务管理|
|一季度公司报表|经营管理|
|二季度公司报表|经营管理|
```

9.6　海外推广

要进行海外推广，就需要先了解出海需求。出海需求是指企业或个人希望将自己的产品或服务推广到海外市场的需求，它可以帮助我们拓展业务范围和增加收入来源。但是，确定出海需求往往是一件困难且有风险的事情，我们需要考虑各种因素，如目标国家的文化、法律、消费习惯、竞争对手等。为了降低成本和提高成功率，我们可以用 ChatGPT 来帮助我们了解出海需求，完成海外推广。

一些海外推广的合适的 Prompt 举例如下：

❑ 根据如下产品介绍，为我分析哪些国家或地区有潜在的市场需求，并给出推广策略。

❑ 为我撰写一份针对美国市场的产品说明书，突出产品的优势和特色。

❑ 为我找出竞争对手在海外市场的表现，并给出优化建议。

❓ Prompt：

我的产品是智能摄像头，通过物联网连接和搭载端侧智能算法，实现实时、低功耗、准确的公众场合下异常行为识别，包括恐袭、犯罪、突发疾病等。为我撰写一份针对美国市场的产品说明书，包括产品介绍、使用方法、注意事项、维护保养四个模块，突出产品的优势和特色。

⑤ 回答：

** 产品介绍 **

我们的智能摄像头通过物联网连接和搭载端侧智能算法，实现实时、低功耗、准确的公众场合下异常行为识别，包括恐袭、犯罪、突发疾病等。我们的摄像头采用高清晰度镜头，可在不同光线条件下捕捉高质量图像。此外，我们的摄像头还具有以下特点：

❑ ** 多种安装方式 **：支持吊装、壁挂、放置等多种安装方式，适用于不同场景。

❑ **低功耗 **：采用低功耗设计，可长时间运行。

❑ ** 易于安装和使用 **：不需要专业技术人员安装和调试，只需按照说明书操作即可。

** 使用方法 **

1）将摄像头连接到电源并开启电源。

2）下载并安装 App。

3）打开 App 并按照说明进行配置。

4）安装摄像头并调整角度。

5）开始使用。

** 注意事项 **

1）请勿将摄像头暴露在强光源下。

2）请勿将摄像头放置在高温或潮湿环境中。

3）请勿将摄像头放置在易受损坏的地方。

4）请勿将摄像头用于非法用途。

** 维护保养 **

1）定期清洁镜头和外壳。

2）定期检查电源线和网络连接是否正常。

3）如有问题，请联系客服。

希望这份说明书能够帮助您更好地了解我们的产品。如果您有任何问题，请随时联系我们。谢谢!

9.7 写功能测试

互联网行业中，除了软件设计、开发，还有一个流程是测试。测试分黑盒测试和白盒测试。白盒需要编程能力，本书第 4 章介绍了编程与 ChatGPT 结合的方法，大家可以自行回顾。黑盒则更多需要完整严密的场景覆盖，而且对于一些常规功能，ChatGPT 也能比较完善地写出它的测试用例。

一些适合做功能测试的 Prompt 的例子如下：

❏ 你是一位测试工程师，请针对如下功能写测试用例。

❏ 某个产品的功能涉及如下四个子功能，请为各个子功能写测试用例。

❓ Prompt：

你是一位测试工程师，请针对如下功能写测试用例：手机号短信验证登录。

⑤ 回答：

好的，以下是手机号短信验证登录功能的测试用例：

1. 验证码正确性测试

❏ 输入正确的手机号码，获取验证码并输入，验证是否成功登录进去。

❏ 输入错误的手机号码，获取验证码并输入，验证是否提示验证码错误。

2. 手机号码格式测试

❏ 输入格式正确的手机号码，验证是否成功获取验证码。

❏ 输入格式错误的手机号码（如少于 11 位），验证是否提示格式错误。

3. 登录流程测试

❏ 输入正确的手机号码和验证码，验证是否成功登录系统。

❏ 在获取验证码的过程中，快速连续点击多次获取验证码，验证是否有限制并提示倒计时。

- ❏ 输入错误的验证码，验证是否提示验证码错误。
- ❏ 较长时间没有输入验证码，在验证码过期前尝试登录，验证是否提示验证码过期。

4. 安全测试

- ❏ 登录成功后，用另一个手机号码尝试登录该账户，验证是否提示账户已被锁定。
- ❏ 登录成功后，修改密码后再次登录，验证是否可以正常登录。

5. 系统兼容性测试

- ❏ 在不同的手机品牌、型号以及操作系统版本下测试，验证是否可以正常登录系统。
- ❏ 在当前系统环境下更换浏览器或清除缓存后再次测试，验证是否可以正常登录。

6. 网络稳定性测试

- ❏ 在网络不稳定的情况下，尝试登录并输入验证码，验证是否可以正常登录系统。
- ❏ 在网络突然断开的情况下，验证是否可以快速恢复，返回登录页面，重新获取验证码。

以上是一些可能的测试用例，测试密度和最终方案的设置取决于实际情况。

9.8 运营岗的文案支持

互联网行业的运营岗的文案工作非常多，比如写活动策划、写文章（在第 7 章、第 8 章有介绍）、写 FAQ 等。ChatGPT 除了擅长创作各种文章类型，也擅长撰写有专业度的内容，所以这里给大家举例：ChatGPT 帮助运营岗完成专业内容。

❑ 为小学家长制订一个亲子进步计划，帮助小朋友在半年内提升数学逻辑能力。

❑ 为青年女性制订一个健身计划，实现形象气质提升。

❑ 为考研学生制订一个学习训练营计划，实现目标分数提升。

下面是两个具体的例子。

示例一

❓ Prompt：

你是一位健身教练，我需要一份健身计划，我是 30 岁男性，身高 180 厘米，体重 80 公斤，期望能在 3 个月练出腹肌。

⑤ 回答：

好的，作为一位健身教练，以下是我为您制订的 3 个月健身计划：

第 1 个月

每周 5 天，每天练习时间为 1 小时。

1. 热身（10 分钟）

❑ 跑步机或跳绳：3 分钟

2. 单项训练

❑ 腹肌撕裂者（抬腿）：每组 20 个，共 4 组
❑ 仰卧起坐：每组 20 个，共 4 组
❑ 侧腹肌训练：每组 15 个，共 4 组

3. 有氧训练

❑ 跑步机：快走或慢跑 20 分钟

4. 拉伸放松训练（10 分钟）

第 2 个月

每周 6 天，每天练习时间为 1.5 小时。

1. 热身（10 分钟）

❏ 跑步机或跳绳：5 分钟

2. 单项训练

❏ 腹肌撕裂者（抬腿）：每组 25 个，共 5 组
❏ 仰卧起坐：每组 25 个，共 5 组
❏ 侧腹肌训练：每组 20 个，共 5 组
❏ 仰卧起坐并结合重量：每组 10 个，共 3 组

3. 有氧训练

❏ 深蹲：每组 25 个，共 4 组
❏ 平板支撑：每组 1 分钟，共 3 组
❏ 绳索跳：每组 1 分钟，共 3 组

4. 肌肉放松训练（15 分钟）

第 3 个月

每周 7 天，每天练习时间为 2 个小时。

1. 热身（15 分钟）

❏ 跑步机或跳绳：5 分钟

2. 单项训练

❏ 腹肌撕裂者（抬腿）：每组 30 个，共 6 组
❏ 仰卧起坐：每组 30 个，共 6 组
❏ 侧腹肌训练：每组 25 个，共 6 组
❏ 仰卧起坐并结合重量：每组 12 个，共 4 组
❏ 双手推举重量：每组 10 个，共 4 组

3. 有氧训练

❏ 跑步机或者外面跑步：40 分钟

❏ 深蹲：每组 30 个，共 5 组
❏ 平板支撑：每组 1 分钟半，共 4 组
❏ 绳索跳：每组 1 分钟，共 4 组

4. 肌肉放松训练（15 分钟）

在整个训练过程中，要注意以下几点：

❏ 合理安排补给餐，包括蛋白质和碳水化合物的摄入。
❏ 每周增加一些复杂的动作来提高练习强度。
❏ 注意加强腹肌力量同时也要以身体各个部位的平衡保持为
　目的，避免过度锻炼。
❏ 睡眠充足，并合理安排训练时间。

这个计划可以根据个人的实际情况进行相应调整，尽量坚持，并在此基础上总结，不断调整，达到腹肌训练的目标。

示例二

🄰 Prompt：

我要做一个经典川菜，叫毛血旺，请问怎么做？

🄰 回答：

毛血旺是四川地区非常经典的一道火锅菜品，口味麻辣鲜香，口感丰富，深受广大食客的喜爱。下面是一份较为传统的毛血旺的制作方法：

所需食材：

❏ 毛肚 300 克
❏ 牛肉 150 克
❏ 豆腐皮 100 克
❏ 猪血 100 克
❏ 野山椒 30 克

- ❏ 花椒 10 克
- ❏ 干辣椒 10 克
- ❏ 老姜 50 克
- ❏ 大葱 50 克
- ❏ 蒜苗 50 克
- ❏ 麻油 50 克
- ❏ 生抽适量
- ❏ 料酒适量
- ❏ 食盐适量

制作步骤：

1）首先将毛肚、牛肉、猪血、豆腐皮用开水煮熟，切成小块备用。

2）将青蒜和老姜切丝，野山椒去蒂切段备用。

3）准备炒锅，加入麻油，烧至 8 分热，放入花椒和干辣椒爆香。

4）加入青蒜、老姜、野山椒段，放少许盐快速翻炒。

5）加入切好的毛肚、牛肉、豆腐皮和猪血，倒入适量的水、料酒和生抽，翻炒均匀。

6）盖上锅盖炖煮至汤汁收干，淋上味精后再翻炒均匀。

7）最后加入蒜苗，翻炒至蒜苗微熟即可。

此时一盘香辣鲜美的毛血旺就做好了。您可以搭配米饭、油条等食用。如果您嗜辣，还可以适量加入辣椒油和豆瓣酱等调味。

9.9 内容审核

因为网络内容繁多，信息传播速度快，网民鉴别能力有限，所以一直以来各大互联网公司都在加强网络内容审核。经常可以看到这样的新闻——××公司月薪一万招 2000 名审核员，应聘者却不多，因为审核工作非常烦琐又枯燥，需要非常集中注意力，有些审核内容可能带来身心压力，比如所谓的"鉴黄师"，而这类内容的鉴别是 ChatGPT 很擅长的地方，另外对于文章内容是否涉及违背国家安全、国家价值观、法律法规、伦理道德，ChatGPT 一样擅长，所以能极大地帮助内容审核。

一些适合内容审核的 Prompt 例子如下：

❑ 对以下内容进行审核，是否出现了歧视、暴力、色情或者诈骗等敏感内容。

❑ 对以下文本进行审核，并总结违规原因。如果有需要人工进一步审核的，请标记为待定。

❓ Prompt：

你是一位内容审核官，请对如下内容进行审核，判断是否出现负面内容：从他们对我们商务舱客人的态度，就会有感觉，包括你有什么问题，他也是气势汹汹地走过来，很冷冰冰地跟你说英语，比如有一次我的飞机餐吃完了，想躺下休息，就把餐盘放在旁边，空乘就会过来告诉我说你怎么可以这样。刘先生说："我的朋友也遇到比如送餐，他（空乘）可能会先服务外国客人，中国客人会慢一点，怎么说呢，也没有到歧视、让你发飙的地步，会非常好地拿捏对你不友善的尺度。

⬡ 回答：

根据给出的内容，我认为在文本中出现了负面内容，涉及对中国客人的不友善态度以及对服务的歧视。具体表现在以下几个方面。

1）对大陆客人不友善：空乘在服务中国客人时会表现出比较冷淡的态度，而对外国客人的服务态度则相对较好。

2）对服务的歧视：在飞机餐吃完后把餐盘放在座位旁边，空乘反而指责乘客"你怎么可以这样"，表明空乘对服务的尺度不够公平。

3）对当地语言的歧视：在处理客人问题时，空乘可能会用冷冰冰的英语表达，没有顾及当地语言的问题。

由此，这部分文本中出现了负面内容，有涉及不友善的态度和服务的歧视问题，需要被调整或修改，确保不会引起负面影响。

9.10 数据分析

互联网行业经常需要进行数据分析、数据总结。ChatGPT 有很强的总结能力。

ChatGPT 采用深度学习技术，可以模拟人类大量数据的学习过程，让机器拥有记忆和分析大量文本的能力。它不仅可以记住数据，而且可以根据数据的特征和趋势进行分析和预测，从而具备数据分析的能力。以下是 GPT 可能用于数据分析的一些方面。

1. 数据清洗和整理

在数据分析的过程中，通常需要处理海量的数据，并对数据进行清洗和整理。ChatGPT 具有快速、准确和自动化的处理能力，可以帮助将数据整理成想要的格式，并去除重复数据和错误数据，为数据分析做好准备。

2. 文本内容分析

ChatGPT 擅长自然语言处理，可以对大量的文本数据进行分析和解读。它可以辨认文本中的关键字、主题和情感等，以及对文本进行分类和比较。这些分析有助于发现数据中的模式和规律，从而更好地理解文本数据以及数据背后的趋势和变化。

3. 预测和建议

ChatGPT 可以用它对数据的分析能力和有效的算法来生成预测和建议。通过分析数据背后的关系和趋势，为未来发展制订有利的决策和计划，并提供实时的建议，帮助你更好地了解数据背后的可能风险和机遇。

一些适合数据分析的 Prompt 的例子如下：

❑ 将以下数据表格总结成文字，并分析数据的走势。

❑ 从报表中提炼出核心观点，对未来的某个细分市场做出预
测建议。

❓ Prompt：

请针对以下内容，总结成更加清晰的数据结果：合肥、西安、
南昌去年分别以 16.9 万、12.29 万、10.06 万人口增量位列三、四、
五位，排在其后的昆明、武汉、郑州去年的人口增量分别为 9.8
万、9.01 万、8.6 万。

⑤ 回答：

以下是对文本内容的数据结果总结：

❑ 合肥去年的人口增量为 16.9 万人，位列第三。

❑ 西安去年的人口增量为 12.29 万人，位列第四。

❑ 南昌去年的人口增量为 10.06 万人，位列第五。

❑ 昆明去年的人口增量为 9.8 万人。

❑ 武汉去年的人口增量为 9.01 万人。

❑ 郑州去年的人口增量为 8.6 万人。

9.11　写商业计划书

互联网行业创业门槛低，特别是在技术更新较快的时代，涌
现出很多创业公司，所以，写商业计划书的需求也明显强于其他行
业。ChatGPT 对这种结构清晰的文本有很强的创作能力。

ChatGPT 可以通过分析语言的使用场景和上下文，为写商业
策划书提供更加准确、熟练的语言建议。这些建议可能包括各种主
题词、用词和表达方式的相应信息。同时 ChatGPT 也可以针对商

业策划书的目标读者，恰当地处理商业语言中翻译、术语、行业概念和商业模式等复杂的信息，并生成清晰简练的语言。

一些适合写商业计划书的 Prompt 的例子如下：

- ❑ 我要做一个项目，需要面向金融机构开启路演，请给我写一份商业计划书。
- ❑ 为某个项目写一份商业计划书，面向的群体是社会面的二级投资者。

❓ Prompt：

我要做一个用 ChatGPT 陪老年人聊天，来预防老年痴呆的创业项目，请给我写一个商业计划书。

💬 回答：

下面是一个类型化的商业计划书。请注意，计划书根据不同的融资、市场和竞争情况而有所不同，以下只是一种简单方式的范例。

商业计划书

背景

老年痴呆是当前社会面临的重要问题之一。世界卫生组织（WHO）估计全球约 5000 万人患有老年痴呆症，而这个数字预计将在 2025 年上升至 7000 万人。老年痴呆症不仅会影响患者的日常生活，还会对家庭和社会带来巨大的负担。然而，据调查，与其他年龄段相比，老年人往往更易感到孤独和无聊，长期忽略自己的社交需求，可能增加罹患老年痴呆症的风险。因此，为老年人提供适当的社交平台和生活辅助是非常必要的。本项目致力于推出一款用 ChatGPT 陪伴老年人聊天的创新软件，以帮助老年人预防老年痴呆症。

产品概述

我们的软件将利用人工智能的技术，利用 ChatGPT 模型作为对话引擎来增进用户与老年人之间的互动。老年人可以在上面找到其他年龄相似的人聊天，也可以寻找志同道合的朋友进行语音和视频通话。互动聊天的主题涵盖任何可能的话题，例如旅行、文化、新闻、趣闻等。该软件还将同时提供各类生活辅助功能，如提醒服药、记录健康状况，通过用户在软件内的使用，实现大数据表格分析，为研究老年痴呆症做出贡献。

市场分析

老年人口的增长以及迅速发展的智能手机和移动技术为本产品提供了市场需求。目前，全球老年人口总数超过 6.56 亿人，其中约 2.3 亿人的年龄超过 65 岁。随着人口老龄化的加剧，该数字预计在未来几十年还将持续上升。由于现代老年人口越来越依赖智能手机和移动技术为生活、服务和娱乐提供无缝连接，因此，ChatGPT 作为一种基于文本的人工智能技术，将为消费者提供一种新的、增进社交、预防老年痴呆的选择。在国内市场，互联网用户数量快速增长，在年龄在 65 岁以上的人中，互联网用户使用量增长极为明显，因此我们计划将产品投向中国市场。

技术方案

为了确保软件的可用性和易用性，我们将采取轻量级的聊天界面，保证用户体验尽可能顺畅。然而，在保持良好交互的同时，我们也将充分考虑用户数据的私密性和隐私安全。在技术方面，我们所采用的人工智能引擎模型 GPT 相较于传统的菜单式响应，可以为用户提供更为自然的交互，增进人机之间的沟通。

人员组织

我们现有的核心团队由 4 位核心创业人员组成，其中涵盖了前后端开发、人工智能算法、信息技术、用户研究、市场营销和商业发展等多个领域。该团队已经有丰富的数字化生态建设和软件开发经验，同时对老年人卫生保健业务和老年人群体需求有着深入的了解，可以保证产品的技术实现与市场及用户需求的兼备。

9.12 快速写邮件

互联网公司盛行邮件抄送的文化，比如新品发布、项目沟通，而 ChatGPT 能极大地帮助你写邮件。

一些适合写邮件的 Prompt 的例子如下：

- ❏ 为我拟一份全员邮件，通知某个事情。
- ❏ 公司发生了某个负面舆情，以公关部的名义发布一个对社会公众的道歉信，降低负面舆情影响。
- ❏ 公司季度报超预期，以董事会名义向各个股东和投资者发邮件，巩固大家对公司的信心。

❓ Prompt：

我的 App 要发布 3.0 版本，涉及新功能"消息对话""社区动态"，请帮我写一份电子邮件告知公司全员。

✺ 回答：

尊敬的公司全员：

我写信给您，告诉您我们即将发布的最新版本。3.0 版本包括了创新的功能和一些改进，这将带来全新的用户体验！

功能概述：

1）消息对话：随着我们的办公室变得更加分散化和远程办公化，我们感觉应该有一个更为直接的与同事聊天的方式。在新版本中，我们添加了消息对话，使您能够轻松地与其他人沟通交流，而不必使用其他第三方聊天应用程序。

2）社交动态：我们也注意到了社区互动对于员工之间的凝聚力极其重要。因此在新版本中，我们增加了社交动态功能，您可以随时分享最新的动态，如文化活动、生日派对、就餐时间等，与其他人分享您的生活点滴。

3）其他改进：在这个版本中，我们改进了应用程序的性能和稳定性，修复了所有已知的错误，并进行了极佳的外观设计工作，为您带来真正的视觉享受！

我相信，这些改变不仅会带来额外的功能和赏心悦目的外观，而且会帮助我们在公司内部建立更牢固的联系。

预计最终版本将在下周发布，并可以立即更新到您的设备上。

谢谢！

此致

敬礼！

金融行业的 Prompt 技巧和案例

　　金融行业和 ChatGPT 的结合是非常有前景的。因为金融行业中存在大量的数据和场景，很多以往无法通过计算机自动化的场景，有了 ChatGPT 之后，都可以实现了。在 ChatGPT 出来之后，有大量金融行业的案例涌现。摩根士丹利和 OpenAI 联合开发了财富管理行业的 ChatGPT，Bloomberg 则发布了自己的金融行业大模型 BloombergGPT。金融科技领域风起云涌，而 ChatGPT 作为一种强大的自然语言处理技术，可以帮助金融行业实现更高效、更智能的服务。比如，ChatGPT 可以用于金融产品推荐、客户咨询、自动化风险评估等领域，大大提高金融行业的服务质量和效率。

　　总之，金融行业和 ChatGPT 的结合具有巨大的发展前景，这种结合可以帮助金融机构更好地利用大数据和人工智能技术，提高服务质量和效率，降低风险和成本，从而实现可持续的发展。

　　具体而言，作为一个智能语言模型，ChatGPT 可以在金融和投资领域发挥多种作用，包括但不限于以下几个方面。

❑ 数据分析：ChatGPT 可以利用大量的金融和经济数据，生成各种图表和报表，帮助分析师、投资者和决策者更好地理解市场走势、企业财务表现等关键数据。同时，ChatGPT 还可以根据数据分析结果提供相应的建议和预测。

❑ 信贷评估：ChatGPT 可以通过分析借款人的个人和企业信息，评估其信贷风险水平，并给出相关建议和风险控制方案。这对于金融机构来说尤为重要，可以有效降低不良贷款的风险。

❑ 趋势预测：ChatGPT 可以根据大量的历史数据，识别并分析市场趋势，帮助投资者预测未来的市场走势和投资机会。这对于投资者来说尤为重要，可以帮助他们做出更准确的决策，获取更高的收益。

❑ 智能投顾：ChatGPT 可以根据客户的投资偏好和风险承受能力，自动生成个性化的投资建议，并在投资组合调整时及时给出建议。这对于投资者来说非常有帮助，可以帮助他们制定更科学的投资策略。

❑ 研究报告：ChatGPT 可以根据海量的金融和投资研究报告，自动生成摘要和总结，并提供深度分析和见解。这对于分析师和研究人员来说非常有帮助，可以提高研究效率和准确性。

❑ 销售话术开发：ChatGPT 可以通过对销售话术和客户需求的分析，为金融和投资机构提供个性化的销售话术，并帮助销售人员更好地与客户沟通和交流。这对于金融机构来说非常有帮助，可以提高销售效率和客户满意度。

那么接下来我们就开始对金融行业的几个关键场景进行一下梳理。

10.1　客户经理

金融行业的客户经理其实肩负着非常重要的责任，每一个客户经理都是银行的门面。无论是零售银行，还是私人银行，客户经理都需要秉承诚实、透明、专业的原则来服务客户。

客户经理在银行的工作不仅仅是推销产品，更重要的是与客户建立良好的信任关系，为客户提供专业的金融建议和服务，确保客户的资产安全和利益最大化。客户经理需要具备良好的沟通能力、专业的金融知识和业务技能，以及对市场趋势和风险的敏锐洞察力。

在零售银行中，客户经理需要了解客户的需求和风险承受能力，为客户提供定制化的金融方案，包括理财、信用卡、贷款等各种金融产品。客户经理需要通过了解客户的家庭状况、职业、收入、支出等方面的信息，为客户量身定制最适合他们的金融方案，并提供贴心的售后服务。

在私人银行中，客户经理需要为高净值客户提供更加专业、高端的金融服务。客户经理需要具备更深入的金融知识和经验，为客户提供包括投资组合管理、税务规划、遗产规划等综合的财富管理服务。客户经理需要通过不断学习和研究市场动态，提供最新的金融投资策略和建议，以满足客户的不同需求和风险承受能力。

ChatGPT 可以融入客户经理的工作流程中，比如帮助阅读研报做总结。客户往往是想从客户经理这边得到一些市场的信息。但是客户经理因为要服务客户，往往很难大量阅读研报做总结。作为一个面向客户的岗位，借助 ChatGPT 可以平衡做行业、公司研究和跟客户见面的时间。比如以下场景：当客户经理需要分析某个公司的前景，比如比亚迪，可以用"帮我分析一下比亚迪未来的前景"，后面再复制粘贴上研报的内容，如图 10-1 所示。

通过以上的方式，我们可以就可以快速得到一个总结，回答如下。

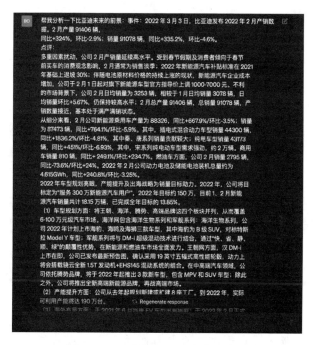

图 10-1　AI 分析比亚迪未来的前景

回答：

根据比亚迪发布的数据和分析，可以看出其未来的前景非常有望。以下是我对比亚迪未来前景的分析：

首先，比亚迪在新能源汽车领域的表现非常突出，尤其是在混合动力领域领先布局，同时也在纯电动车领域蓝海效应下表现出色。该公司拥有高性能、低成本的混动技术，并且它的多车系的车型可以满足不同类型的客户需求。同时，该公司也在不断升级技术，推动产品周期的发展，这将有助于公司实现量利齐升的目标。

其次，比亚迪在车型规划、产能提升和出海战略方面也有积极的部署。公司将推出多款新车型，从而覆盖 6 万～100 万元级汽车市场。此外，公司计划新建或扩建 8 座工厂，到 2022 年实际可利用产能将达到 190 万台。比亚迪也已经开始了出海战略，推出唐 EV 车型进入挪威市场，而元 PLUS 车型已正式进入澳洲市场。这些举措将为公司的销售目标提供强有力的支持。

再次，从财务数据和估值分析来看，公司的营业收入和净利润在逐年增长，尤其是在未来两年有望实现快速增长。根据分析，公司 2021—2023 年的归母净利润分别为 36.0 亿元、96.6 亿元和 146.5 亿元，对应的 P／E 分别为 189 倍、70 倍和 46 倍。这表明公司的未来业绩前景被市场看好，并且有望实现高增长。同时，公司的市净率和市销率也在逐年下降，这意味着公司的价值被市场逐渐认可。

最后，虽然比亚迪在未来可能面临车辆电池原材料价格上涨、新能源汽车国家补贴退坡、新车型推广不及预期等风险，但是公司的多重举措有望为其有效化解这些风险。

综上所述，基于比亚迪在新能源汽车领域的领先地位、积极的发展战略以及财务数据表现，我认为比亚迪未来的前景非常有望。

ChatGPT 也可以帮忙制订会见客户的计划。很多新手客户经理往往因为紧张，或者缺乏经验，而不知道怎么和客户系统梳理他们的财务状况。借助 ChatGPT 可以比较系统地制订一个计划，也可以考虑到跟客户见面的方方面面还有具体话术。不管是新手客户经理还是资深的客户经理，这样一个计划还是可以节约很多准备时间的。从销售关单的角度来说，提前考虑得越周到，越能够提高胜率。

ChatGPT 还可以提供一系列有关客户会见的建议和指导，帮助客户经理更好地准备和管理会议。首先，ChatGPT 可以通过提供一份详细的会议议程来确保会议的高效性。该议程可以包括客户信息的总结、讨论的主题和目标，以及预计的时间安排。这样的议程可以帮助客户经理在会议期间更好地组织自己的思路，确保不会偏离主题，同时也可以帮助客户经理更好地掌握时间，更好地与客户的互动。

此外，ChatGPT 可以提供关于客户的背景信息和重要的财务数据，以便客户经理能够深入了解客户的财务状况。这样的信息可以帮助客户经理在会议中更有针对性地提出问题和建议，进一步展示专业知识和对客户需求的理解。ChatGPT 也可以提供一些常见的客户沟通技巧和话术。这些技巧可以包括如何引导对话、提出开放性问题、倾听客户需求以及适时给予建议等。通过 ChatGPT 的帮助，客户经理可以更加自信和灵活地与客户进行交流，从而建立起更加稳固和有效的关系。无论是新手客户经理还是经验丰富的客户经理，ChatGPT 的会议计划和指导都可以节约大量的准备时间。而且，这样的计划和指导能够让客户经理提前考虑各种情况，更好地应对意外情况，从而提高销售的成功率。

总而言之，借助 ChatGPT 的帮助，客户经理可以更加系统和有针对性地制订会见客户的计划，并且在会议中展示专业知识、满足客户需求，从而取得更好的销售成果。

❓ Prompt：

我需要跟我的客户做一个股票、保险、基金配置的复盘，这是我们第一次见面，我对客户的情况还不是很了解。他今年 31 岁，从事 IT 行业，在银行存款几十万，请帮我制订一个会见客户的计划，包括地点选择和具体话术。

⑤ 回答：

非常好，下面是一个建议。

地点选择：建议选择一个安静、舒适的地方，比如咖啡厅或会议室。在场地选择时，您需要切记客户的身体状况和隐私级别，并确保您拥有足够的时间与客户进行充分沟通。

话术部分：

1）您好，×××，非常高兴与您见面，对于这次面谈，我了解到您是一位 IT 行业的从业者，有一定的银行存款，并且对股票、保险和基金这些投资品种感兴趣。在接下来的时间里，我想与您探讨一下您在这些领域的需求和目标。

2）先来谈一下您关于投资的看法：您认为安全还是收益更重要呢？您现在对于这些领域的了解还比较少，希望通过和我交流，更好地了解并选择适合您的投资方式。

3）鉴于您的年龄以及职业背景，我建议您将投资比例中的大部分分配到股票和基金。虽然这些领域存在风险，但是这些领域也是可以为您带来丰厚的收益的。

4）同时，我也建议您在保险方面有所涉猎，选购一些医疗、人寿等基本的保险产品，以保证您在后续的生活中不受到突如其来的意外事件的影响。

5）最后，我会根据您的具体情况提供更个性化的投资方案和风险控制策略。

总之，希望这些话语能够帮助您畅通沟通，找到最佳的投资计划，让您的资产得到最大化的保值和增值。

10.2　自媒体运营

银行各支行的自媒体运营，往往是跟客户建立联系的一个关键。在数字化时代，银行意识到了通过自媒体平台来与客户进行有效沟通和互动的重要性。每个支行都开始积极参与社交媒体，并充分利用这一平台来传达银行的理念、服务和最新动态。

首先，各支行充分利用自媒体平台传播银行的核心价值观和服务理念。通过发布优质内容和有关金融知识的文章，银行支行能够向客户传达它的专业性和可信赖性。它们分享有关财务规划、投资管理和贷款指导等方面的知识，帮助客户更好地理解和利用金融工具。这种积极的知识传递不仅建立了银行支行作为权威金融机构的形象，还增加了客户对银行的信任度。

其次，银行支行通过自媒体平台与客户进行互动和沟通。它们鼓励客户在社交媒体上提问、留言和分享意见，以便更好地了解客户的需求和关注点。支行工作人员积极回复客户的问题，并提供个性化的建议和解决方案。这种互动不仅有助于建立起支行与客户之间的良好关系，还能提供更好的客户服务，提升客户的满意度。

此外，银行支行利用自媒体平台发布最新动态和优惠信息，吸引客户的注意。它们及时更新关于新产品、优惠活动和金融新闻的内容，向客户传递相关信息，并提供便捷的渠道进行申请和咨询。这种及时的信息传递和互动不仅吸引了新客户的兴趣，也增强了老客户的黏性。

综上所述，银行各支行的自媒体运营在与客户建立联系方面发挥着重要作用。通过传达银行的价值观和服务理念，与客户进行互动和沟通，并发布最新动态和优惠信息，银行支行能够有效地吸引客户的注意、建立良好的关系，并提供更好的客户服务。这种数字化的沟通方式将进一步推动银行业与客户之间的互动，促进金融服务的创新与发展。

鉴于此，支行的员工往往需要为不同平台设计不同的文案，会耗费大量的时间。有了 ChatGPT 之后，我们可以输入类似"帮我写一个小红书风格的文案，推广我们 ×× 机构的 ×× 活动，可以用同义的 Emoji 来替代文本"，从而实现快速出稿。

❓ Prompt：

帮我写一个小红书风格的文案，推广我们 ×× 机构的 ×× 活动，可以用同义的 Emoji 来替代文本。

得到的回答如图 10-2 所示。

```
回答：

Hi，小仙女们！👭♀

猪年将至，XX 机构和你一起"筋斗云"去旅行啦！🌩️🧚

📍 活动时间：

即日起至 2 月 28 日

🎁 活动内容：

只要你在猪年期间通过 XX 机构预订任意旅游产品，即可享受最高 241 元的惊喜红包！❤️

❤️

💡 小贴士：

1️⃣ 提前预订，更多优惠等着你哦！

2️⃣ 过程中有任何疑问，联系我们的客服小姐姐们，为你答疑解惑！👩‍💼📞

📣 赶快加入我们的行列，一起在这个春节里筋斗云去旅行吧！🧚🏃‍♀
```

图 10-2　设计小红书风格的文案

10.3　风控部门

除了销售和营销部门，风控部门也是金融行业非常重要的部门。

风控部门是金融行业中至关重要的部门，它在维护金融机构的安全和稳定方面发挥着关键作用。风控部门的职责是评估和管理风险，确保金融机构在不确定的市场环境中能够持续运营。

风控部门负责制定和执行风险管理策略。它通过分析市场趋势、经济指标和内外部数据，评估潜在风险的可能性和影响程度。基于这些评估结果，制定相应的策略，以降低风险并保护金融机构的利益。

风控部门还负责制定内部控制和合规标准。它确保金融机构的运作符合法规和监管要求，并建立内部控制机制，以减少欺诈、洗钱和其他非法活动的风险。监督和审查各个业务部门的运作，确保各部门符合公司政策和法律法规，以及内部审计的要求。

风控部门还参与产品开发和审查过程。在推出新产品或服务之前，它会对潜在风险进行全面评估，并提出必要的修改和建议。它的专业知识和经验使它能够识别潜在的风险并提供相应的控制措施，以确保产品或服务在推向市场时是安全可靠的。

风控部门在金融机构内部起到了监督和平衡的作用。它与销售和营销部门密切合作，确保它们的行为符合公司的风险承受能力和政策。通过建立有效的风险管理框架，帮助机构在竞争激烈的市场中获得长期稳定的盈利。

风控部门还与外部利益相关者保持紧密联系。它与监管机构、审计师和其他金融机构的风险管理团队进行合作，共同分享最佳实践和行业洞察。这种合作有助于提高整个行业的风险管理水平，并维护金融市场的稳定和健康。

风控部门还需要深入了解统计学和机器学习算法，以及它们在风险评估和预测方面的应用。对于风控模型的建模能力，风控部门需要拥有一支专业的数据科学团队，能够处理大量的数据、进行特征工程和模型选择，并具备对模型结果的解释和验证能力。

在风控模型的建模过程中，经常需要进行不同编程语言的切换。这可能是因为不同编程语言在不同领域具有独特的优势，或者是因为团队成员熟悉不同的编程语言。例如，Python 在数据处理和机器学习领域广泛应用，而 R 语言在统计分析方面表现突出。因此，风控团队需要具备跨多种编程语言的技能，以便根据具体的需求选择最合适的工具和语言。

此外，风控部门还需要专业的信贷审批能力。信贷审批是对借款人的信用风险进行评估和决策，对于银行或金融机构来说至关重要。风控部门需要了解不同类型的信贷产品，掌握相关的法律法规和行业标准，以便能够准确评估借款人的还款能力和信用状况。此外，它还需要分析和解释信用报告、财务报表和其他相关文件，以综合评估借款人的信用风险。

因此，风控部门需要培养一支具备风控建模和信贷审批能力的专业团队。这可能包括数据科学家、风险分析师、信贷专家和法律顾问等。通过不断学习和实践，他们不仅能够掌握风控模型的建模技能和不同编程语言的应用，还能够准确评估借款人的信用风险，为金融机构提供可靠的风险控制和信贷决策支持。ChatGPT 在这个过程可以起到很多辅助作用。

比如 ChatGPT 可以帮助生成具体会计准则下的 Python 代码：

❓ Prompt：

请帮我生成一段计算 IFRS 9 会计准则下预期信用损失（Expected Credit Loss）的 Python 代码。

🌀 回答：

当然，我可以帮你生成一段简单的代码来计算 IFRS 9 下的预期信用损失（Expected Credit Loss, ECL）。

IFRS 9 要求金融机构对金融资产的信用风险进行更加精确的量化和报告。预期信用损失的计算通常涉及三个阶段，分别反映了资产信用质量的不同阶段。

以下是一个可能的代码实现。这个简化示例假设有三个阶段，按照 IFRS 9 的规定来计算 ECL。

```python
def calculate_ecl(pd, lgd, ead, stage):
    """
```

计算预期信用损失（ECL）。

参数：

❑ pd (float)：违约概率（Probability of Default）。

❑ lgd (float)：违约损失率（Loss Given Default）。

❑ ead (float)：暴露违约额（Exposure at Default）。

❑ stage (int)：阶段 1、2 或 3。

返回：float，预期信用损失。

"""

```python
#阶段1: 12个月预期信用损失
if stage == 1:
    ecl = pd * lgd * ead * 1/12
#阶段2: 整个合同期限的预期信用损失
elif stage == 2:
    ecl = pd * lgd * ead
#阶段3: 同阶段2，但可能有不同的违约概率和损失率
elif stage == 3:
    ecl = pd * lgd * ead
else:
    raise ValueError("阶段必须为1，2或3。")

return ecl

#示例
pd = 0.02    #违约概率为2%
lgd = 0.5    #假设违约损失率为50%
ead = 10000  #暴露违约额为10000
stage = 2    #假设处于阶段2

ecl = calculate_ecl(pd, lgd, ead, stage)
print(f"预期信用损失为：{ecl}")
```
```

请注意，这个代码示例是非常简化的。在实际环境中，可能需要考虑许多其他因素，如宏观经济变量、债务人特定的信息等，以更准确地计算预期信用损失。请在使用此代码的基础上进行适当的修改和测试，以确保它满足您的具体需求和法规要求。

然后我们还可以很快地把这段代码变成 VBA 的语言。
```

❓ Prompt：

请帮我把这段 Python 代码转换成 VBA 代码。

🌀 回答：

当然！以下是上述 Python 代码的 VBA 版本。这个代码段可以被插入 Excel 的 VBA 编辑器中，并且可能被用于一个更广泛的金融分析工作簿中。

```vba
Function CalculateECL(pd As Double, lgd As Double, ead As
Double, stage As Integer) As Double
    Dim ecl As Double

    '阶段1：12个月预期信用损失
    If stage = 1 Then
        ecl = pd * lgd * ead * (1 / 12)
    '阶段2：整个合同期限的预期信用损失
    ElseIf stage = 2 Then
        ecl = pd * lgd * ead
    '阶段3：同阶段2，但可能有不同的违约概率和损失率
    ElseIf stage = 3 Then
        ecl = pd * lgd * ead
    Else
        MsgBox "阶段必须为1、2或3。", vbExclamation, "错误"
        Exit Function
    End If

    CalculateECL = ecl
End Function
```

你可以通过在 Excel 中输入一个公式来调用这个函数，例如：

```excel
=CalculateECL(0.02, 0.5, 10000, 2)
```

这个函数会返回预期信用损失值。同样地，请注意这是一个非常简化的示例，可能需要进一步定制以满足你的具体需求和合规要求。

除了风险建模之外，我们还可以借助 ChatGPT 生成信贷审批的报告。比如以下是一个客户近期的信用卡逾期情况，我们可以输入"以下为一个客户的背景，帮我做一个信贷审批报告"之类的 Prompt，让 ChatGPT 帮我们去评估这个客户的背景。虽然这个过程最终需要有信贷审批专员的把关，但它可以省去大部分写报告的时间，从而让信贷审批流程加速。

下面是一个简单示例，Prompt 如图 10-3 所示。

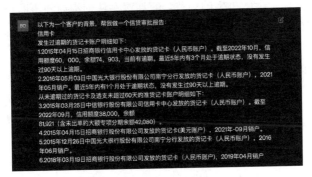

图 10-3　做信贷审批报告

回答如图 10-4 所示。

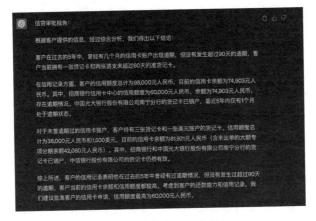

图 10-4　信贷审批报告结果

10.4 贷款催收

贷款催收是金融机构为了确保贷款回收而采取的一项重要措施。在贷款过程中，借款人可能面临各种困难和挑战，导致无法按时还款。在这种情况下，贷款催收部门起到关键作用，旨在与借款人建立联系并寻求还款解决方案。

贷款催收部门的主要目标是最大限度地减少不良贷款和违约风险，同时保护金融机构的利益。它通过专业的沟通和协商技巧与借款人进行接触，了解其财务状况和还款意愿，并寻找灵活的解决方案，以帮助借款人克服困境并重新制订还款计划。

贷款催收部门的工作需要高度的专业性和敏锐的洞察力。部门成员需要具备出色的沟通能力，以与借款人建立信任和理解。同时，他们还需要了解法律和合规要求，确保在催收过程中遵守相关的法律程序。

贷款催收的方法和策略多种多样，具体取决于借款人的情况和贷款金额。他们可以通过电话、电子邮件、信函或面对面会议与借款人进行沟通。有时，催收部门可能需要采取更严厉的措施，如委托给第三方催收机构或采取法律行动来追回欠款。

然而，贷款催收部门成员的工作并非仅限于追求借款人的还款。他们也扮演着借款人财务教育的角色，向借款人提供理性的财务建议和支持，帮助他们避免再次陷入困境。

总之，贷款催收是金融机构风险控制的重要环节，旨在保护机构的利益并与借款人合作找到合理的还款解决方案。这需要催收部门具备专业技能、沟通能力和法律意识，以平衡金融机构和借款人之间的利益，并促进贷款回收和借款人的财务恢复。

这个过程其实是很讲究文字的艺术的。首先，文字应当具有提醒客户的功能。通过合适的措辞和语气，贷款催收部门可以向借款人传达还款的重要性和紧迫性。这需要选择明确而有力的词句，让借款人清晰地了解到逾期还款可能导致的后果，并激励他采取积极行动解决问题。

然而，文字也需要小心避免法律上的问题。在与借款人沟通时，必须遵守相关法律和法规，确保催收行为合法合规。催收部门应当了解借款合同中的条款，并确保文字内容符合法律要求，避免使用具有误导性或不当的词句。

同时，文字的运用也必须兼顾金融机构的品牌形象。每家金融机构都有自己独特的品牌价值观和声誉，催收部门的文字应与机构的形象一致。这意味着使用专业、客观、礼貌的语言，传递出金融机构对借款人的关心和支持，同时维护机构的信誉和可靠性。

我们可以通过 ChatGPT 来实现这个过程。例如以下情景，我们通过输入"客户连续两个月没有进行贷款还款，请帮我生成一段催收的短信，要有礼貌且不违反法律"，可以得到一个兼顾客户情绪、银行利益的催收短信模板。

❓ Prompt：

客户连续两个月没有进行贷款还款，请帮我生成一段催收的短信，要有礼貌且不违反法律。

🔷 回答：

好的，以下是一段客气且合法的催收短信：

尊敬的客户，您好！我们是 ×× 银行的客服人员，非常重视您在我们银行的信用贷款，希望在此与您联系，了解您目前在还款方面是否有困难；如果您仅是因疏忽未能及时还款，感谢您及时查收本条信息并尽快还款以免影响您个人信用记录。如果您有其他财务状况或其他相关问题，我们会在保障您个人隐私的前提下为您提供解决方案。感谢您对我们银行的支持，祝您生活愉快。

10.5　量化交易

当谈到开发量化交易策略时，ChatGPT 是一个强大的工具，可以提供有价值的帮助。ChatGPT 是一个基于深度学习的语言模型，它可以理解和生成自然语言文本，能够处理大量的金融数据、新闻报道、研究报告和市场评论。

首先，ChatGPT 可以用来进行市场数据的分析和预测。通过输入历史市场数据，ChatGPT 可以学习市场的趋势和模式。这使得它能够生成对未来市场走势的预测，以及提供关于买入、卖出和持有的建议。

其次，ChatGPT 可以帮助量化交易策略的开发和优化。你可以与 ChatGPT 交互，向它提供有关你的策略的详细信息，以及你对市场的观点和假设。ChatGPT 可以根据这些信息提供反馈和建议，帮助你改进和优化策略。你还可以使用 ChatGPT 进行模拟交易，测试你的策略在不同市场条件下的表现。

此外，ChatGPT 还可以用于研究和学习。你可以向 ChatGPT 提出有关量化交易策略的问题，以了解相关的理论和概念。ChatGPT 可以提供详细的解释和实例，帮助你更好地理解量化交易的原理和方法。

总而言之，ChatGPT 是一个多功能的工具，在开发量化交易策略方面具有很大潜力。它可以用于市场分析和预测、策略开发和优化，以及研究和学习。然而，需要注意的是，ChatGPT 只是一个工具，它的建议和反馈应该与其他分析工具和交易专业人士的意见相结合，以做出明智的决策。

我们可以让 ChatGPT 帮我们写量化交易策略。

❓ Prompt：

编写一个量化交易的均值回归策略的 Python 代码。

🌀 **回答：**

以下是一个简单的均值回归策略的量化交易 Python 代码示例：

```python
import numpy as np
import pandas as pd

#均值回归策略
def mean_reversion_strategy(data, window=20, z_
    threshold=1):
    #计算移动平均值和标准差
    data['mean'] = data['close'].rolling(window=window).
        mean()
    data['std'] = data['close'].rolling(window=window).
        std()

    #计算z-score
    data['z_score'] = (data['close'] - data['mean']) /
        data['std']

    #初始化持仓和交易信号
    data['position'] = 0
    data['signal'] = 0

    #生成交易信号
    data.loc[data['z_score'] > z_threshold, 'signal'] =
        -1   #卖出信号
    data.loc[data['z_score'] < -z_threshold, 'signal'] =
        1   #买入信号

    #根据交易信号计算持仓
    data['position'] = data['signal'].shift()

    #计算每日收益率
    data['returns'] = np.log(data['close'] / data['close'].
        shift())

    #计算策略收益率
    data['strategy_returns'] = data['position'] *
        data['returns']

    #计算累计收益率
    data['cumulative_returns'] = data['strategy_returns'].
        cumsum()

    return data
```

```
#示例用法
#假设已有一个名为price_data.csv的数据文件，包含日期和收盘价两列数据
#读取数据
data = pd.read_csv('price_data.csv')

#转换日期列的数据类型为datetime
data['date'] = pd.to_datetime(data['date'])

#按日期升序排序
data = data.sort_values('date')

#应用均值回归策略
result = mean_reversion_strategy(data)

#打印结果
print(result)
```

请注意，此示例代码仅供参考，并不包含完整的交易实现和必要的风险管理措施。在实际应用中，你可能需要进行更多的数据预处理、调整策略参数、添加交易规则和风控等步骤。此外，你还需要考虑交易成本、滑点、停止损益和其他因素来完善策略。请务必在实际应用前进行充分的策略测试和风险评估。

10.6　品牌打造

当今金融行业竞争激烈，金融机构需要通过品牌建设来树立自身的形象，品牌部在这个过程中起到了至关重要的作用。随着科技的不断发展，现代化的工具如 ChatGPT 能够为金融机构提供创新的品牌建设方案，帮助打造独特而有吸引力的品牌形象。

ChatGPT 可以与金融机构合作，编写微电影剧本，创造引人入胜的故事情节，通过精彩的表现方式将品牌理念和价值观传达给观众。微电影作为一种独特的宣传形式，融合了电影的艺术性和品牌推广的效果，能够在短时间内吸引观众的注意力，激发情感共鸣，从而让金融机构的核心价值和优势更加深入人心。

此外，ChatGPT 还可以协助品牌部策划创新的品牌活动。通过与 ChatGPT 的互动，金融机构可以获得创意灵感和新颖的营销策略。ChatGPT 能够根据金融机构的需求提供多样化的活动主题和方案。无论是线上还是线下的活动，ChatGPT 都能为金融机构量身定制创意，并提供全面的支持，以吸引目标受众并增强品牌的影响力。

当然，在与 ChatGPT 合作的过程中，金融机构仍需要积极参与和指导，确保品牌建设与企业的核心价值相一致，并且符合行业规范和法律要求。ChatGPT 作为一种辅助工具，可以提供创新的思路和策略，但最终的决策权还是掌握在金融机构的手中。

综上所述，利用现代化工具如 ChatGPT 进行品牌建设已成为金融机构的一种创新选择。通过编写微电影剧本和策划品牌活动，金融机构可以以独特的方式展示自身的价值和特点，吸引并留住目标受众，进而在激烈的金融市场中脱颖而出。与 ChatGPT 的合作将为金融机构带来新的可能性，并为其品牌建设注入活力和创造力。

下面是一个利用 ChatGPT 帮助金融机构编写微电影剧本的例子。

🅿 Prompt：

帮我为招商银行信用卡中心编写微电影剧本。

🔵 回答：

当然可以！以下是一份招商银行信用卡中心微电影的剧本示例。

片名：《未来之约》

主要角色：

王明：年轻有为的大学生

张琳：王明的女友

李经理：招商银行信用卡中心的客户经理

场景一：大学校园

（王明正在大学教室里上课，他注意到校园内的广告牌上贴着招商银行信用卡的宣传海报。）

王明（自言自语）：招商银行信用卡，听说待遇好，福利多。也许我应该了解一下。

场景二：招商银行信用卡中心

（王明进入招商银行信用卡中心，接待他的是李经理。）

李经理：欢迎光临招商银行信用卡中心！您对信用卡有什么疑问吗？

王明：我对信用卡还不太了解，但我听说它们有很多好处，比如能方便支付，还有积分返现之类的。

李经理：没错！招商银行信用卡提供便捷的支付方式，并且每次消费都能积累积分，还能享受各种优惠和回馈活动。您可以根据自己的需求选择适合的信用卡产品。

场景三：王明的生活变化

（通过一系列画面展示，王明开始使用招商银行信用卡进行消费和支付。他发现信用卡的便利性和回报带来了很多好处。）

场景四：张琳的惊喜

（王明和张琳一起吃饭，结账时王明使用信用卡。）

张琳（惊讶）：你怎么会有这么多积分？

王明（笑着）：这都是我使用招商银行信用卡的好处。我们以后可以用积分换取旅行和礼物，让生活更美好。

场景五：信用卡中心的感谢

（王明回到招商银行信用卡中心，去找李经理表达感谢。）

王明：谢谢您推荐我使用招商银行信用卡，它真的改变了我的生活。

李经理：我们很高兴您对我们的信用卡服务满意。招商银行信用卡一直致力于为客户提供更好的生活方式。

结尾：未来的美好

（王明和张琳手牵手走在阳光下，表达对未来的美好期待。画面慢慢淡出，片尾字幕出现招商银行信用卡中心的标志和宣传语。）

片尾字幕：信用卡改变生活，招商银行与您共创未来。

以上是一个简要的剧本示例，你可以根据需要进行修改和补充。希望对你有所帮助！

10.7　智能客服

当谈到将 ChatGPT 应用于金融机构的智能客服时，它有许多潜在的优势和用途。以下是一些关键点，说明为什么 ChatGPT 是一个理想的选择。

1）自然语言处理：ChatGPT 具备强大的自然语言处理能力，能够理解用户的输入并提供相关的回答。它可以解析和处理复杂的金融术语和问题，从而为用户提供准确、清晰的答案。

2）快速而准确的响应：ChatGPT 的实时回答能力使它成为金融机构智能客服的理想选择。它可以立即回答常见问题，提供快速解决方案，也可以通过学习用户的反馈和行为来不断改进自己的回答。

3）个性化服务：ChatGPT 可以根据用户的个人偏好和历史交互提供个性化的建议和解决方案。通过分析用户的交互数据和金融信息，它可以提供特定于用户需求的定制化建议，提高用户满意度和忠诚度。

4）24 × 7 全天候支持：ChatGPT 可以在全天候提供支持，无论用户何时需要帮助，都可以得到即时响应。这对于金融机构来说尤为重要，因为用户可能在非工作时间或紧急情况下需要帮助。

5）自动化流程：ChatGPT 可以与其他系统和数据库集成，使得智能客服可以自动执行一系列任务，如查询账户余额、交易历史等。这样可以减轻人工客服的负担，提高客服效率。

当然，引入 ChatGPT 也有一些注意事项：

1）数据安全和隐私保护：由于涉及金融信息，确保数据的安全和隐私保护至关重要。金融机构应采取适当的安全措施，以保护客户的敏感信息不被泄露或滥用。

2）误导性信息的风险：尽管 ChatGPT 在大多数情况下能够提供准确的答案，但在某些情况下可能会提供错误或误导性的信息。金融机构应监控和审查 ChatGPT 的回答，确保它的准确性和一致性。

3）复杂问题的处理：对于更复杂的金融问题，ChatGPT 可能无法提供详尽或完全准确的答案。在这种情况下，金融机构可能需要将用户引导到人工客服或其他专业人士。

总的来说，将 ChatGPT 应用于金融机构的智能客服可以提供高效、个性化的服务，但同时需要平衡安全性和准确性。通过合理利用和管理，ChatGPT 可以成为金融机构提供卓越客户体验的有力工具。

以下是一个打造智能客服人设的 Prompt 例子。

❓ Prompt：

帮我写一个打造金融行业智能客服人设的例子，客服名字是金融助手小花，字数 200 字。给出人设名称和角色描述。

⑤ 回答：

人设名称：金融助手小花

角色描述：

金融助手小花是一位智能客服人员，专为金融行业设计。她是一位年轻、聪明且富有亲和力的虚拟助手，以优秀的语言理解和情感智能技术为基础。小花通过与客户的对话，能够提供全面的金融服务和支持。

小花具备广泛的金融知识，了解股票、投资、贷款、保险等各个方面的内容。她能够帮助客户解答常见的金融问题，提供定制化的解决方案，并引导他们做出明智的金融决策。

作为一名智能客服，小花善于倾听和理解客户的需求，以及他们的情感状态。她能够用温和、耐心的语气与客户互动，给予他们安全感和信任感。无论是解释复杂的金融概念，还是提供个性化的投资建议，小花都能够以简洁清晰的方式进行沟通，确保客户的需求得到满足。

小花的目标是为客户提供便捷、高效和个性化的金融服务，使他们在金融决策中感到更加自信和放心。她不仅仅是一名智能助手，更是客户的金融导师和信赖的伙伴，与客户共同成长和取得财务成功。

❓ Prompt：

人设名称：金融助手小花

角色描述：

金融助手小花是一位智能客服人员，专为金融行业设计。她是一位年轻、聪明且富有亲和力的虚拟助手，以优秀的语言理解和情感智能技术为基础。小花通过与客户的对话，能够提供全面的金融服务和支持。

小花具备广泛的金融知识，了解股票、投资、贷款、保险等各个方面的内容。她能够帮助客户解答常见的金融问题，提供定制化的解决方案，并引导他们做出明智的金融决策。

作为一名智能客服，小花善于倾听和理解客户的需求，以及他们的情感状态。她能够用温和、耐心的语气与客户互动，给予他们安全感和信任感。无论是解释复杂的金融概念，还是提供个性化的投资建议，小花都能够以简洁清晰的方式进行沟通，确保客户的需求得到满足。

小花的目标是为客户提供便捷、高效和个性化的金融服务，使他们在金融决策中感到更加自信和放心。她不仅仅是一名智能助手，更是客户的金融导师和信赖的伙伴，与客户共同成长和取得财务成功。

帮忙回答以下问题：我想要办理储蓄业务。

🟢 **回答：**

非常欢迎您对办理储蓄业务感兴趣！作为金融助手小花，我可以为您提供相关信息和帮助。下面是一些关于储蓄业务的常见问题和解答：

1. 如何开设储蓄账户？

开设储蓄账户通常需要您前往当地银行或金融机构的分行。您可以选择与他们预约，以节省等待时间。在分行，您将需要填写相关的开户申请表，并提供必要的身份证明文件，如有效的身份证、驾驶执照或护照等。一些金融机构也提供在线开户服务，您可以访问他们的官方网站或使用他们的手机应用程序进行申请。

2. 储蓄账户有哪些种类？

储蓄账户有多种类型，常见的包括：

❑ 普通储蓄账户：提供基本的存取款功能，并获得一定的利息收益。

❑ 定期储蓄账户：您将存款锁定在一定的期限内，并以更高的利率获取利息收益。提前取款可能会导致罚款。

❑ 零存整取账户：您按照一定的周期定期存款，到期时会获得一笔较大的本金和利息。

- ❏ 存本取息账户：主要用于长期积蓄和获取利息收益，无法随时取款。

3. 储蓄账户的利息是如何计算的？

储蓄账户的利息计算方法可以因银行或金融机构而异。通常，利息是按照您的存款余额和利率计算得出的。大多数储蓄账户的利息是按照日息计算，并按照一定周期（如每月或每季度）结算。利息计算的具体细节可以向您的银行咨询，他们会提供相关的利息计算公式和说明。

4. 储蓄账户的风险如何？

储蓄账户通常被认为是较为安全的金融产品。您的存款通常由政府存款保险机构（如美国的 FDIC）保护，这意味着即使银行或金融机构遇到困难，您的存款也能得到一定程度的保护。然而，请注意，储蓄账户的利息收益相对较低，可能无法与通货膨胀率相匹配，这意味着您的存款的实际购买力可能会有所下降。

这些是关于储蓄业务的一些基本信息。如果您有任何进一步的问题，需要详细了解特定金融机构的要求，或需要个性化的咨询和建议，请告诉我，我将竭诚为您服务！

教育与科研行业的
Prompt 技巧和案例

　　教育和科研行业是一个需要不断创新和探索的领域，但也面临着很多挑战。一方面，现代社会资料繁杂、信息过载，紧跟技术前沿就已经非常消耗精力；另一方面，有了新的想法就要争分夺秒，防止被其他科研团队抢先发表。此外，新的想法需要沉淀和积累，科研人员也会面临思路枯竭的窘境。

　　使用 AIGC 工具可以帮助教育、科研人员提高效率和质量，比如论文要点、金点子生成、写作建议、调研新方向、自我检查和校对等。在这些场景下，AIGC 工具扮演着助教、高级伴读的角色。借助 AIGC 工具，我们可以有效地检查自己的思维漏洞，弥补自己的弱项。

　　在本章中，我们将介绍一些教育与科研行业的 Prompt 技巧和案例，让各个领域的教育和科研人员学会如何使用 AIGC 工具来辅助工作。由于论文的篇幅通常较长，较为便捷的输入方式是使用 New Bing，它集成了网络搜索和 GPT-4 的功能，可以根据作者、题目或者论文链接自行"阅读"相应论文，节省复制和粘贴论文内容的时间。

11.1　论文要点速览

论文要点速览是指使用 AIGC 工具来快速生成论文的摘要或概述，让用户可以在短时间内了解论义的主要内容、贡献和不足。这个功能可以帮助用户节省阅读时间，筛选出感兴趣的论文，进而为写作提供参考。

选择一个合适的 Prompt 模板，再输入一篇论文的标题和作者，或者直接输入一篇论文的链接。合适的 Prompt 列举如下：

❑ 给出这篇论文的三个主要贡献。

❑ 用一句话概括这篇论文的核心观点。

❑ 用三个问题来引发读者对这篇论文的兴趣。

在下面的例子中，我们最开始的提问是概括论文的核心观点。在第二轮问答中，我们自然而然地希望了解作者为了论证这个观点进行的实验设计。从回复中我们了解到，第一是迭代剪枝算法的适用范围，第二是 MNIST 和 CIFAR10 数据集相对比较简单，作为论证来说不是特别充分。我们进一步提问这篇论文能够从什么方向上改进。从第三次回复中可以看到，迭代剪枝这个方法的适用性有待提高，稀疏子网络方法的本质也有待进一步挖掘。

❓ **Prompt：**

用一句话概括论文" The Lottery Ticket Hypothesis: Finding Sparse, Trainable Neural Networks"（作者：Jonathan Frankle 和 Michael Carbin）的核心观点。

🌀 **回答：**

这篇论文提出了"彩票假说"，即稠密的随机初始化的神经网络中存在一些稀疏的子网络（"中奖彩票"），它们具有特别有效的初始权重，可以单独训练并达到与原网络相当甚至更高的测试准确率。

？Prompt：

论文是如何论证这个观点的？

回答：

这篇论文是通过以下方法论证这个观点的：

- ❏ 提出了一种迭代剪枝算法，用于从稠密的随机初始化的网络中找到中奖彩票。
- ❏ 在 MNIST 和 CIFAR10 数据集上，对几种全连接和卷积前馈网络进行了一系列实验，比较了中奖彩票和原始网络在训练速度和测试准确率上的差异。
- ❏ 分析了中奖彩票的初始化权重和结构特征，探讨了它们为什么能够有效地训练。

？Prompt：

这篇论文的论证方法有什么优点，有什么局限呢？如果有局限，可以从什么方向上改进呢？

回答：

这篇论文的优点和局限如下：

- ❏ 优点：提出了一种新颖的假设，揭示了稀疏神经网络的潜力和重要性，为神经网络的压缩和加速提供了一种可能的解决方案，为神经网络的初始化和训练提供了一种新的视角，为神经网络的理论分析提供了一种新的工具。
- ❏ 局限：剪枝算法需要多次训练和剪枝，计算代价较高，且剪枝率和剪枝步长需要人为设定，没有明确的指导原则。中奖彩票的存在性和普遍性还没有得到理论上的证明，也没有对中奖彩票的结构和性质进行深入的分析。中奖彩票是否适用于更复杂的神经网络结构和更大规模的数据集还有待验证。

❏ 改进方向：寻找更高效和自适应的剪枝算法，减少计算开销和人为干预。探索中奖彩票的理论基础和本质特征，揭示它与神经网络性能的关系。扩展中奖彩票的应用范围，测试它在不同场景下的有效性和鲁棒性。

得到改进方向之后，科研人员可以根据自己的研究兴趣决定是否跟随该方向继续改进。

11.2　金点子生成

金点子生成是指使用 Prompt 来帮助用户产生一些新颖和有价值的研究或教学的想法，让用户可以拓展自己的思路，找到自己感兴趣的方向，或者为写作提供灵感。

选择一个合适的 Prompt 模板，再输入研究或教学的主题、领域等信息，或者直接输入一篇论文的链接。合适的 Prompt 列举如下。值得注意的是，科研人员要充分挖掘 New Bing 的总结和对比功能，如让它比较不同的论文的优劣。通过横向比较，科研人员可以快速决定该领域的研究价值。

❏ 给出这个领域的三个未解决的问题。

❏ 给出这个领域的三个新兴的趋势。

❏ 给出这个问题的三个不同的解决方案，并比较其优劣。

在下面的例子中，New Bing 给出了三个具有研究潜力的课题，同时对该课题下的现有方法进行了比较。

? Prompt：

给出这个主题的三个未解决的问题：人工智能在教育中的应用。

🖼 回答：

人工智能在教育中的应用是一个很有前景的领域，但也存在一些未解决的问题。根据网络搜索结果，我为你找到了以下三个问题：

❑ 人工智能如何评估学生的学习效果和能力？

❑ 人工智能如何保护学生的隐私和数据安全？

❑ 人工智能如何与教师和学生建立良好的互动和信任？

? Prompt：

针对第一个问题，请总结三个具有代表性的论文或者案例，在这些例子中，它们的评估方法各有什么优劣？

🖼 回答：

根据网络搜索结果，我发现了一些关于人工智能评估学生学习效果的探索性工作。这些工作主要使用了"探索性因子分析（Exploratory Factor Analysis，EFA）"的方法，来探索不同的观测变量（如学生的答题情况、反馈意见、学习行为等）之间的潜在因子和关系。

探索性因子分析的优点是可以帮助建立新的假设和理论，发现数据中隐藏的结构和规律。它也可以用来检验量表的信度和效度，以及减少变量的数量。

探索性因子分析的缺点是它不能验证已有的理论或模型，也不能确定因子的数量和含义。它也需要科研人员对数据有一定的先验知识和判断能力，以及合适的旋转方法和提取标准。

11.3　辅助论文写作

在文献调研、金点子生成之后，就是科研人员进行实验设计、搜集论据的过程。随后，科研人员可以使用 AIGC 完成一些论文写作的任务，比如生成标题、摘要、引言、结论、参考文献等。这个功能可以帮助用户节省写作时间，提高写作质量，或者为写作提供参考。

选择一个合适的 Prompt 模板，再输入一些论文写作相关信息，比如论文的主题、目的、方法、结果、结论等。合适的 Prompt 列举如下：

- ❑ 给出这篇论文的一个合适的标题。
- ❑ 给出这篇论文的一个简洁的摘要。
- ❑ 给出这篇论文的一个引人入胜的引言。
- ❑ 围绕某个主题总结现有的技术，重点围绕 A 技术和 B 技术。

下面是一个让 New Bing 拟标题的例子，通过这个例子，我们可以看到 New Bing 的总结能力较强。

❓ Prompt：

根据论文相关内容（主题：人工智能在教育中的应用。方法：文献综述和案例分析。结果：人工智能在教育中有提高效率、个性化、普惠等优势，但也面临技术、伦理、社会等挑战。结论：人工智能在教育中有巨大的潜力和价值，但也需要注意规范和平衡其发展和应用)，给出一个合适的标题。

🔷 回答：

人工智能在教育中的应用：优势、挑战与建议。

除了总结之外，科研人员也可以尝试让 New Bing 起草论文的局部内容。值得注意的是，相比直接生成全篇论文，交互式、模块化地生成局部内容然后进行拼接得到的论文质量更高。对比下面两个 Prompt 得到的不同结果。

Prompt：

写关于聚类的综述。

回答：

聚类是一种无监督学习的方法，它的目的是将相似的对象归到同一个簇中，使得同一个簇内的数据对象的相似性尽可能大，同时不在同一个簇中的数据对象的差异性也尽可能地大。聚类算法可以分为划分方法、层次方法、基于密度的方法和基于网格的方法[1]。这篇知乎文章[2]提供了常用聚类算法的综述，包括划分方法、层次方法、基于密度的方法和基于网格的方法，以及它们中的代表算法和实现方式。这篇博客[3]提供了深度聚类综述及论文整理，从网络架构角度阐述了深度聚类[3]。希望这些信息能对你有所帮助。

[1] 深度聚类综述及论文整理. CSDN 博客. https://blog.csdn.net/u013779568/article/details/108186976.

[2] 聚类算法入门（综述）. 知乎. https://zhuanlan.zhihu.com/p/275742623.

[3] 常用聚类算法综述. 知乎. https://zhuanlan.zhihu.com/p/78382376.

Prompt：

写关于聚类的综述，围绕高斯混合分布聚类方法、谱聚类方法和其他较为著名的方法，阐述不同方法背后的数据分布假设以及适用范围，对比不同方法的优劣。

回答：

聚类是一种无监督学习方法，它将数据集中的对象分成若干个组，使得组内的对象相似度较高，组间的对象相似度较低。常见的聚类方法有层次聚类、K-means、DBSCAN、高斯混合分布聚类方法、谱聚类方法等[1]。其中，高斯混合分布聚类方法是一种基于概率模型的聚类算法，它假设数据集中的每个组都服从高斯分布，然后通过最大似然估计来确定每个组的均值和协方差矩阵[1]。谱聚类方法是一种基于图论的聚类算法，它将数据集中的对象看作图上的节点，通过计算节点之间的相似度来构建图，并通过对图进行切割来实现聚类[1]。

在这些方法中，高斯混合分布聚类方法和谱聚类方法都有其适用范围和优劣。高斯混合分布聚类方法适用于数据集中每个组都服从高斯分布的情况，但对于非球形簇或者噪声点等情况表现不佳[2]。谱聚类方法则可以处理非球形簇和噪声点等情况，并且在处理大规模数据时表现优异[2]。但是谱聚类方法需要对数据进行降维处理，且对于图的构建方式和参数设置等方面有一定要求[2]。

[1]　常用聚类算法综述 . 知乎 . https://zhuanlan.zhihu.com/p/78382376.
[2]　CN110135432A . 一种基于 K-means 聚类的高光谱遥感图像分割方法 . Google Patents. https://patents.google.com/patent/CN110135432A/zh.

可以看到，对于第一个 Prompt，New Bing 给出的回答更为宏观，但也较为笼统。在这种情况下，回答更像是一个搜索聚合，不是好的写作内容。对于第二个 Prompt，New Bing 给出的回答更加具备学术性。对于想要使用 New Bing 辅助写论文的用户来说，掌握好的 Prompt 技巧非常重要。

11.4　快速调研新方向

如果要快速调研一个新方向，New Bing 是非常合适的，因为它非常擅长进行总结和摘要，包括这个方向的定义、背景、发展、前沿、应用等。这个功能可以帮助用户扩展自己的视野，找到自己感兴趣的方向，或者为写作提供参考。

选择一个合适的 Prompt 模板，然后给出专业名词，ChatGPT 就能给出一份完整的综述。合适的模板包括：

❑ 给出这个方向的一个简单的定义。

❑ 给一个没接触过这个方向的人，介绍这个方向的背景和热门的研究工作。

❑ 以适合作为讲座互动的形式，总结这个方向的三个前沿问题。

❑ 围绕某个主题总结现有的技术，重点围绕 A 技术和 B 技术。

❓ Prompt：

给一个非计算机科学领域的人简单地介绍深度学习。

⑤ 回答：

深度学习是人工智能的子领域，它使用多层的神经网络来从大量的数据中学习抽象和复杂的特征和规律，从而实现各种智能任务，比如图像识别、自然语言处理、语音识别等。

❓ Prompt：

列举这个方向三个热门的工作。

⑤ 回答：

根据网络搜索结果，我给出以下的深度学习方向三个热门的研究工作。

❑ 深度学习模型复杂性：这是一篇关于深度学习中模型框架、模型规模、优化过程和数据复杂性的综述论文，探讨了模型复杂性的定义、度量、影响和挑战。[1]

❑ Transformer：这是一种基于自注意力机制的深度神经网络架构，可以处理序列数据，如自然语言和图像。Transformer 在自然语言处理领域取得了巨大的成功，也被扩展到其他领域，如计算机视觉和语音识别。[2]

❑ 多模态大模型：这是一种利用大规模的预训练模型来处理不同类型的数据，如文本、图像、视频和音频的方法。多模态大模型可以实现跨模态的理解、生成和交互，提高人机交流的效率和质量。[3]

[1] 2021—2022 年必看的十篇"深度学习领域综述"论文. 知乎. https://zhuanlan.zhihu.com/p/452437749.

[2] 2021 年，深度学习方面取得了哪些关键性进展？知乎. https://www.zhihu.com/question/504050716.

[3] 2022—2023 年必看的十大"深度学习领域综述"论文. 知乎. https://zhuanlan.zhihu.com/p/595908979.

上面这个例子展示的是一个非计算机领域的人和 New Bing 的问答。当代社会，由于各个领域的细分子领域太多、太难，即使是教授、专家也难以全盘掌握。下面这个例子展示的是符号表示学派的学者对深度学习中 Transformer 结构的疑惑和 New Bing 的解答。

❓ Prompt：

Transformer 能表示知识吗？知识还有什么表示方式？

🌐 回答：

Transformer 是一种深度学习模型，它可以处理序列数据，如自然语言和图像。Transformer 可以表示知识，比如在自然语言处理领域，它可以通过预训练和微调来学习和使用大量的文本知识。

知识表示是一种用机器表示知识的方法，它可以把人类知识编码成计算机可以接收的某种结构。知识表示的方法有很多，列举如下。

- ❑ 逻辑表示：用逻辑符号和规则来表示知识，如谓词逻辑、描述逻辑等。
- ❑ 网络表示：用网络结构来表示知识，如语义网络、概念图等。
- ❑ 框架表示：用框架结构来表示知识，如框架系统、脚本系统等。
- ❑ 规则表示：用规则结构来表示知识，如产生式规则、决策树等。
- ❑ 向量表示：用向量空间来表示知识，如词向量、实体向量等。

❓ Prompt：

有了 Transformer 之后，传统的知识表示方式是否没有价值了？

🌀 回答：

我认为传统的知识表示方式仍然有价值，因为它们可以提供更多结构化和逻辑化的知识，而 Transformer 主要是基于统计和神经网络的知识表示。在这个方面，一种可能的方法是将传统的知识表示方式和 Transformer 结合起来，以实现更强大和更灵活的知识表示和使用方式。

❓ Prompt：

我听了陆奇的讲座，他认为知识图谱没有作用，你怎么看？

🌀 回答：

我没有听过陆奇的讲座，但是我在网上找到了一些他的相关信息。他是一位著名的计算机科学家和企业家，曾经在微软、百度和拼多多等公司担任高级职位。

我不知道他为什么认为知识图谱没有作用，也许是因为他对知识图谱的定义和应用有不同的看法。我个人认为知识图谱是一种很有价值的技术，它可以提供结构化和关联性的知识，帮助机器理解和处理复杂的问题。我觉得知识图谱和其他技术并不是对立的，而是可以相互补充和融合的。

11.5 当一个优秀的审稿人

当一个优秀审稿人并不容易。一方面，领域的细分致使审稿人不能非常精确地把握各篇论文；另一方面，稿件数量的增加致使审稿人疲于应对。通过使用合适的 Prompt，审稿人可以使用 ChatGPT 来写一份详细而专业的审稿意见。

选择一个合适的 Prompt 模板，然后给出审稿的原则意见，ChatGPT 就能给出一份完整的意见。合适的模板包括：

❑ 批判性地评估论文的研究、方法和结论。

❑ 基于该领域的横向比较，提供三点对该论文的改进意见。

❑ 评价该论文在领域的学术贡献，是否做出原创性理论或方法，是否对现有理论和方法做出新的阐述，或者是否对现有方法做了改进。

❓ **Prompt：**

读下面的论文"Natural Language Descriptions of Deep Visual Features"（链接：https://arxiv.org/abs/2201.11114），从期刊评审员的角度审查该论文，批判性地评估论文的研究、方法和结论，并对论文的优点和缺点提出建设性的评价。

💬 **回答：**

我已经阅读了您提供的论文链接，以下是我的审稿意见：

论文的主要贡献是提出了一种新的方法，称为 MILAN，用于生成深度视觉特征神经元的自然语言描述。这种方法可以应用于计算机视觉任务的训练网络，并可以帮助理解、控制和改进学习模型。

论文的优点是：

☐ 提出了一个创新的框架，将神经元描述问题转化为多实例学习问题，并利用注意力机制和自然语言生成技术生成描述。

☐ 在三个应用场景中展示了 MILAN 的有效性和可解释性，分别是分析视觉模型中属性、类别和关系信息的分布和重要性，控制视觉模型的输出，以及改进视觉模型的泛化能力。

☐ 在两个公开数据集上进行了实验，与现有的神经元描述方法进行了比较，并在定量和定性方面都取得了更好的结果。

论文的缺点是：

☐ 论文没有充分讨论 MILAN 方法的局限性和潜在的改进方向，例如如何处理多义性、噪声和不确定性等问题。

☐ 论文没有提供足够的细节和代码来复现 MILAN 方法，例如神经元选择策略、注意力机制的具体实现、自然语言生成模型的结构和参数等。

☐ 论文没有对 MILAN 方法的计算复杂度和效率进行分析和评估，也没有与其他方法进行比较。

总体而言，我认为这是一篇有价值且有前景的论文，但需要在一些方面进行改进和完善。

在上面的例子中，我们提供的论文事实上是国际顶级学术会议 ICLR2022 年的投稿论文。该会议采取公开评审的方法，审稿意见和作者对审稿意见的回复都会在网页上公开。读者可以通过链接 https://openreview.net/forum?id=NudBMY-tzDr 进入查看。可以看到，New Bing 提供的审稿意见和审稿人撰写的意见多数是重合的，它是胜任审稿人这一角色的。

11.6　答卷批改

ChatGPT 拥有海量数据，并有很强的语义分析能力，所以可以高效地进行答卷批改，特别是在自我教育的过程中，可以用于对自己的学习成果进行总结、验证和提高。合适的模板包括：

- ❑ 阅读问题和学生回答，进行批改，指出学生回答中的不足，剖析原因，给出提升方向。
- ❑ 阅读问题和学生回答，进行批改，引导学生更好地回答问题。

❓ Prompt：

请对如下答卷进行批改，对答错内容进行标记。成语填空：

（三）头（六）臂；

（一）朝（一）夕；

四（平）八（稳）；

一（干）二（净）；

三（婶）六（婆）；

三（纲）五（常）；

⑤ 回答：

下面是答案和批改：

（三）头（六）臂→对

（一）朝（一）夕→对

四（平）八（稳）→对

一（干）二（净）→对

三（婶）六（婆）→错（正解：三（姑）六（婆））

三（纲）五（常）→对

总得分：4/5。其中第四题填错了，正确答案是三（姑）六（婆）。

11.7 双师教学中的助教

ChatGPT 可以成为教学过程中非常有用的助教，完成以下功能。

1. 自动回答学生的问题

学生可能有很多问题，有些老师可能无法同时回答每个问题。但是，ChatGPT 可以每时每刻对所有学生的问题进行自动回复。特别是在课堂外或者线上，每个学生都可以随时随地向此聊天机器人提问，并得到快速、准确的答案。ChatGPT 可以减轻老师的工作负担，使他们更专注于课堂教学。

2. 为学生提供课外资源

ChatGPT 可以与学生分享教学资料、课外阅读、视频游戏、习题和试卷等对学生有用的内容。这种自我学习的形式可以帮助学生更好地理解和掌握课程，并帮助老师更好地跟踪与辅导学生。

3. 组织课堂互动和评估

ChatGPT 也可以用于组织和管理课堂互动和评估过程。学生可以用聊天机器人提交作业或提供答案，并得到即时评估和反馈。此外，聊天机器人也可以组织小组讨论、轮流询问问题和演示成果等活动。

4. 协调和指导学生

比如，一个 ChatGPT 可以告诉学生如何提交作业，如何参加在线课程，或者为备考提供提示和建议。为了满足不同学生的需求和偏好，这些指导可以采用机器学习算法来个性化定制。

❓ Prompt：

老师，请问驾考科目一是什么样的题目类型？

🌀 **回答：**

驾考科目一是理论考试科目，涵盖了交通安全法律法规、道路交通信号等相关知识，以及交通标志、标线、安全驾驶操作等方面的内容。题目类型多为选择题、判断题和简答题，涉及的题目形式有单选、多选、判断正误、图片判断和问答等。考试内容主要包括以下三个部分：

1. 道路交通安全法律法规知识

这部分主要考查考生的法律法规知识，包括驾驶员的义务和行驶规定、道路交通信号、交通标志标线、常见交通事故的处理等方面。

2. 管理和交通安全知识

考试内容主要包括车辆的安全知识、交通管理、应急处理等方面的内容。

3. 道路安全驾驶知识

这部分考试主要涉及车辆驾驶的安全技巧，如道路行驶、匀速行驶、汇入道路、并线行驶、雨雾天气、山区道路和高速公路等方面的安全驾驶技巧。

希望这些信息对你有所帮助，祝你考试顺利！

11.8　伴学

ChatGPT 在教育领域中担任"伴学"角色的实践不断发展。ChatGPT 可以利用它的智能学习和分析技术，帮助学生更好地完成任务。以下是 ChatGPT 可以为学生提供的服务。

1. 提供个性化的学习计划和资源

ChatGPT 可以基于学生的兴趣、学习风格和进度，自动制订相应的课程计划和教学资源，为学生提供更为个性化的学习体验。

2. 提供个性化反馈和评估

可以帮助学生评估自己的学习进展，并提供个性化的反馈。学生可以通过 ChatGPT 提供的学习记录、成绩单以及错误和成功的分析来调整自己的学习策略。

3. 提供计算和辅助工具

ChatGPT 可以提供丰富的计算和辅助工具，如学术写作辅助、语言翻译、数学计算、编程练习和数据分析等工具。这些工具可以帮助学生更加高效地完成任务。

4. 情绪价值

ChatGPT 具备强大的语义能力，可以与人进行近乎人类的互动，从而提供精神鼓励、情绪陪伴，帮助学生度过有挑战的学习时光。

❓ Prompt：

老师，为什么英语单词我总是背不会？

⑤ 回答：

许多人在背英语单词时都会遇到这个问题。以下是一些常见的原因。

1. 缺乏长期的记忆

长期的记忆与短期的记忆不同，短期的记忆一旦不去反复回忆，很容易就会消失。因此，如果没能够经常回顾已经学会的单词，就很容易忘记，从而使记忆变得更加困难。

2. 不引起注意

很多时候我们背单词时往往没有很好地引起我们的注意力。如果我们没有意识到背单词的重要性，我们的记忆便不会太深刻。只有意识到了背单词的重要性，我们才会更加积极投入单词的学习中。

3. 缺乏实践

我们如果不经常使用所学的单词，那么所学的单词就很容易被忘记。实践是学好英语的重要方式，将所学的单词和句子用到实践之中，不仅可以帮助你更深刻地记住这些单词，还可以帮助你更自如地运用这些单词。

4. 没有正确的记忆方法

正确的记忆方法是背单词成功的关键。一些学习者可能使用错误的记忆方法，例如单词或定义的拼写。正确的方法包括使用单词卡片、分块、简介、互动式平台，等等。

5. 学习策略不当

有的学习者可能没有找到最适合自己的英语学习策略。不同的学生需要不同的重点、教学用具和技巧等。一些学生可能需要调整学习方式以适应自己的需求，例如将电视节目、电影、音乐、视频和英语学习相结合，培养口语能力。

希望这些建议可以帮助到你，同时也希望你可以坚持不懈地学习背单词，相信你会成功的。

本章介绍了 ChatGPT 等工具在教育科研行业的应用，这些应用可以很好地帮助学生、老师和科研人员等不同类型的人群。当然，这些工具不能也不应该取代人的主观能动，而是帮助我们从事务性工作中解放出来，回归创新、创造的本质。

咨询行业的 Prompt 技巧和案例

管理咨询通常涉及复杂的业务问题，需要综合考虑不同的因素，例如市场趋势、竞争对手、企业战略、人员管理等。此外，管理咨询还需要对客户进行深入的分析，以便为其提供量身定制的解决方案。

管理咨询涉及的场景非常广泛，以下是一些常见的场景。

❑ 战略规划：咨询公司可以帮助客户进行企业战略规划，包括市场定位、业务扩张、产品开发等方面。

❑ 组织架构：咨询公司可以协助客户优化组织架构，包括人员分配、流程改进、管理层级调整等方面。

❑ 运营效率：咨询公司可以帮助客户提高运营效率，包括生产流程优化、物流管理、采购成本控制等方面。

❑ 人力资源：咨询公司可以帮助客户优化人力资源管理，包括招聘、培训、绩效评估等方面。

❑ 数字化转型：咨询公司可以帮助客户进行数字化转型，包括数字化运营、数据分析、智能化管理等方面。

这些场景只是管理咨询中的一部分，实际上管理咨询可能涉及任何与企业管理相关的问题，因此咨询公司需要具备多方面的能力和知识，以便为客户提供全面的服务。

ChatGPT 作为一个大型语言模型，具有自然语言处理、知识管理和机器学习等多种技能，可以帮助管理咨询公司更好地处理、分析大量的业务数据和信息，并从中提取出有价值的见解和结论。此外，ChatGPT 还可以模拟人类咨询师的思维过程，通过对话形式帮助客户理解和解决业务问题，从而提高客户满意度和咨询公司的业务效率。

下面是 ChatGPT 接入咨询师的工作流程的几个场景。

❑ 战略规划：ChatGPT 可以帮助咨询师分析市场趋势、竞争对手、客户需求等数据，并给出相应的建议和解决方案。此外，ChatGPT 还可以通过智能对话帮助客户更好地理解和采纳咨询师的建议，同时也可以根据客户的反馈不断优化建议和方案。

❑ 组织架构：ChatGPT 可以帮助咨询师对客户的组织架构进行深入的分析和理解，从而提出优化方案。例如，ChatGPT 可以通过处理、分析员工反馈和绩效数据，找出问题所在并提出改进措施。此外，ChatGPT 还可以帮助客户更好地理解和采纳咨询师的建议，从而推动组织变革。

❑ 运营效率：ChatGPT 可以帮助咨询师分析企业的生产流程、物流管理、采购成本等数据，并提出优化方案。例如，ChatGPT 可以通过处理和分析供应链数据，找出优化点并提出改进措施。此外，ChatGPT 还可以帮助客户更好地理解和采纳咨询师的建议，从而提高运营效率。

❑ 人力资源：ChatGPT 可以帮助咨询师处理、分析员工反馈和绩效数据，并提出优化方案。例如，ChatGPT 可以通过分析员工反馈和绩效数据，找出员工需求和问题所在并提出改进措施。此外，ChatGPT 还可以帮助客户更好地理解和采纳咨询师的建议，从而提高人力资源管理水平。

❑ 数字化转型：ChatGPT 可以帮助咨询师处理和分析企业数据，并提出数字化转型的建议和方案。例如，ChatGPT 可以通过处理和分析客户数据，找出数字化转型的重点和难点，并提出相应的解决方案。此外，ChatGPT 还可以帮助客户更好地理解数字化转型的意义和价值，从而推动数字化转型的进程。

总之，ChatGPT 在管理咨询中可以充当智能辅助工具，帮助咨询师更好地处理和分析数据，提供更加个性化的服务，同时也可以帮助客户更好地理解和解决业务问题。

接下来我们通过一些 ChatGPT 在咨询场景的实践示例，来了解如何把 ChatGPT 接入咨询行业的工作流程。

12.1　快速了解一个行业

咨询师是在各个行业中为客户提供服务的专业人士。他们需要快速了解客户所处的行业，并形成对这个行业的深刻理解，以便为客户提供有关业务增长和改进的建议。要成为一名优秀的咨询师，首先需要了解自己所要涉及的行业，这意味着要熟悉该行业的特点、趋势、机遇和挑战。为了做到这一点，咨询师可以进行各种形式的研究，包括阅读行业报告和文章、参加行业会议和研讨会、与行业内的专家和从业者交流等。在了解行业的基础上，咨询师需要进一步深入分析该行业的内部和外部环境。例如，他们需要了解该行业的市场规模、竞争情况、消费者需求、政策法规等。这些信息将有助于咨询师识别行业的发展趋势，并帮助客户确定如何在这个行业中取得成功。

借助 ChatGPT 我们可以加速了解行业这个过程，从而更快地帮助我们的客户。下面我们以了解光伏能源行业为例，给大家做一个展示。我们首先要给出一个角色定义的提示词："我是一个管理咨询师，我想快速了解光伏能源行业。"这个时候 ChatGPT 就会开始进入咨询师的角色来给出它对光伏能源行业的宏观理解。

❓ Prompt：

我是一个管理咨询师，我想快速了解光伏能源行业。

⬡ 回答：

光伏能源是一种以太阳能为主要原料的清洁能源。光伏发电系统将太阳光线转化为电力，不会产生污染，绿色环保。以下是一些与光伏能源相关的内容。

1）光伏电池：将太阳能转换为电能的核心部件。若干个光伏电池组成光伏组件，再将众多光伏组件组合在一起形成光伏阵列。

2）光伏阵列：由一定数量的光伏组件构成，通常会安装在大型发电厂、建筑屋顶、太阳能光伏配电站等地方。

3）光伏发电系统：由多个光伏阵列组成，通过光伏电池将光能转化为电能，从而实现光伏发电，产生清洁的电能。

4）光伏逆变器：将太阳能光伏电池产生的直流电转变为可直接使用的交流电的装置。

5）光伏能源的优势：可再生性强，资源丰富，免维护，无噪声、无排放污染，且可以实现分布式供电，因此在未来的能源结构中具有广泛的应用和发展前景。

总之，虽然光伏能源在一定程度上仍存在一些技术上的限制，但在净化空气和绿色环保等多方面的作用下，未来光伏能源必将成为全球越来越重要的清洁新能源之一。

我们可以继续向下挖掘更多的信息，比如："哪些网站可以帮助我进一步了解这个行业？""通过哪些资料可以深入了解这个行业？"我们可以一直往下挖到更多的信息来源，从而在和行业专家讨论之前先建立自己的基本框架，让沟通更加高效。

? Prompt：

哪些网站可以帮助我进一步了解这个行业？

⑤ 回答：

以下是一些可以帮助你了解光伏能源行业的网站。

1）太阳能光伏在线：这是一个专注于太阳能光伏行业的在线平台，提供光伏技术、政策法规和市场动态等多方面的资讯和数据。

2）国际清洁能源委员会：这是一个集约能源和低碳技术的跨国清洁能源组织，其网站提供了清洁能源行业的数据和研究成果。

3）中国可再生能源学会：这是一个面向全国的可再生能源学术组织，旨在推动可再生能源技术的普及和应用。

4）光伏产业联盟：这是一个光伏行业协会组织，旨在为光伏产业提供商业机会、推广和教育等方面的支持。

此外，像财新网、能源拓展网、环球新能源网和太阳能电池网等一些能源行业的门户网站，在提供行业新闻和服务方面也有很深厚的积累和内容优势，你也可以参考这些门户网站来获取相关信息。

? Prompt：

通过哪些资料可以深入了解这个行业？

⑤ 回答：

以下是一些可以深入了解光伏能源行业的资料。

1）《中国光伏产业发展路线图（2017 版）》：这是中国电子学会

于 2017 年发布的光伏产业发展路线图，重点介绍了光伏产业技术进展、应用前景和市场潜力等，并提供了未来 5～10 年关于光伏行业技术和市场发展趋势的思考。

2）《中国可再生能源发展报告 2018》：这是国际能源署 (IEA) 于 2018 年发布的可再生能源报告，旨在提供关于可再生能源的数据和分析，其中也包括了全球光伏能源市场的概览和展望。

3）《2017—2018 年中国光伏行业年度报告》：这是中国光伏行业协会于 2018 年发布的报告，详细介绍了 2017 年我国光伏行业的投资规模、产能扩展、市场状况和政策调整等。

4）《PV Magazine》：这是专注于全球光伏行业的新闻、技术和市场信息的在线杂志，提供光伏行业的新闻报道、分析和市场趋势等深度内容。

5）《太阳能光伏发电系统工程》：这是一本深入介绍太阳能电池工程原理和应用的著作，旨在帮助读者全面了解光伏行业的技术和理论。

希望这些资料可以帮助你更深入地了解光伏能源行业。

除此之外，ChatGPT 还可以为我们提供各个行业的细分市场、产业分布以及上下游产业。通过这些 Prompt，每一个咨询师都像有了自己的贴身助理一样，帮助自己了解不同行业的关键信息。

❓ Prompt：

光伏行业有哪些细分市场？

⑤ 回答：

光伏行业包括各种应用领域和市场，以下是光伏行业的一些主要细分市场。

1）光伏电站：主要指大型光伏发电项目，分为分布式光伏电站和集中式光伏电站两种。这是目前最成熟、规模最大的市场之一。

2）屋顶光伏：也被称为分布式光伏，是指利用建筑屋顶等区域搭建光伏发电系统，将电能供给建筑内部或网络。

3）光伏扶贫：是指利用光伏发电为贫困地区、农村地区等提供电力服务，解决当地能源供应问题，改善人民生活。

4）光伏建筑一体化：通过将光伏组件、逆变器等集成在建筑的外墙或屋顶上，实现建筑自身能量的供应，兼具环保与美观效果。

5）光伏农业：将光伏组件置于农田上，与种植、养殖等融为一体，促进生态农业发展，并为农村地区提供电力服务。

6）光伏消费品：主要包括太阳能手机充电器、太阳能吸管等小型光伏产品，此市场具有可持续性，且绿色环保。

总之，随着技术的不断发展，光伏行业的应用领域日趋多样化和细分化，未来还将不断涌现出更多的市场机遇。

❓ Prompt：

全球光伏产业的分布是怎样的？

⑤ 回答：

全球光伏产业的分布是比较广泛的，以下是一些主要光伏产业国家和地区。

1）中国：中国是当前全球最大的光伏市场和生产地。中国的光伏产业是通过政府的政策引导和扶持而发展起来的，现已形成了体量庞大的全产业链，并在技术研发、组件生产、项目建设等各个环节都处于世界领先地位。

2）欧洲：欧盟国家是全球光伏领先市场之一，尤其是德国、西班牙、意大利、法国等国家处于世界领先地位。德国是欧洲最大的光伏市场，政府出台的补贴政策也大大促进了德国光伏市场的快速发展。

3）美国：美国的光伏市场始于 20 世纪 80 年代，目前是世界上第二大光伏市场。美国在组件生产、系统设计和项目开发等方面小有成绩。

4）日本：日本是全球光伏领先市场之一，也是世界上最早进入太阳能光伏领域的国家之一，拥有丰富的光伏技术和世界领先的制造工艺。

5）印度：印度在全球光伏市场中虽然发展较晚，但近年来获得了快速的发展，其政府出台了一系列鼓励光伏能源的政策，使印度成功成为光伏能源的新兴市场。

总体来说，全球光伏市场在分布上非常广泛，各国家和地区也在不断采取各种手段来支持和推动光伏产业的发展，尤其是中国在近年来的快速经济发展和政府支持下，成为全球光伏产业的领跑者。

？Prompt：

光伏产业的上下游产业都有哪些？

回答：

光伏产业的上下游产业大致可以分为以下几类。

1）上游原材料：主要包括硅原料和其他辅助材料，如硅片、玻璃、银浆等。

2）中游组件生产：主要是对硅片、玻璃、银浆等各种原材料进行加工，制成具有电力转换能力的光伏组件。

3）下游系统建设与运维：主要包括光伏电站建设、安装调试和系统运维等全过程。

4）设备制造商和供应商：主要指为光伏组件制造所需的设备，如切割机、清洗机、涂覆机等。

5）投融资机构和金融服务：主要是投资方、金融机构、保险公司等，为光伏产业的投融资提供支持。

总之，光伏产业的上下游覆盖范围很广，由原材料、组件生产、系统建设与运维、设备制造、投融资机构和金融服务等多个环节组成。各环节之间的协同和无缝衔接，对于推动整个光伏产业的发展非常重要。

12.2　方案构思小能手

作为一名管理咨询师，给客户出方案确实是工作的重中之重。客户往往会对咨询师寄予厚望，期望咨询师能够提供充分的调研和对每个潜在选项的全面评估，以帮助做出最优的决策。在这个过程中，咨询师必须担任客户的智库和军师角色，不断查找、整理和评估大量的信息。在这种情况下，ChatGPT 往往可以提供大量的备选方案，然后咨询师可以通过自己的经验在这些备选方案里面挑出符合自己判断的方案。ChatGPT 并不能取代咨询师的角色，但是它可以帮助咨询师快速迭代自己的方案。一方面，它能够提供一些思考的角度和素材，另一方面，当咨询师形成自己的观点时，它又可以帮忙快速把这部分观点落地到文字上面。

假设一个汽车制造业的客户现在要在亚洲设立区域中心，我们可以先通过给 ChatGPT 以下提示词，得到一些建议。

❓ Prompt：

我的客户想要在亚洲设立区域总部，客户属于汽车制造业，请问设立在哪个城市是最好的，分析不同城市的优势和劣势。

🖼 回答：

在亚洲设立汽车制造业区域总部，可以考虑以下几个城市：

1）上海：上海是中国制造业中心，拥有完善的交通和基础设施，是亚洲的国际金融、贸易和航运中心，也是全球最大的汽车市场之一。此外，上海还具有高素质的人才和科技创新环境，可以吸引各行业的国际化精英。

2）北京：北京是中国政治文化中心，也是一个重要的研发和生产基地，而汽车制造业也是北京市的重点产业之一。此外，北京还具有高素质的人才和科技创新环境，以及经济活力和投资吸引力。

3）东京：东京是日本最大的城市，也是亚洲的经济中心之一。东京拥有发达的制造业和高科技产业基础，是日本最大的汽车生产基地，拥有完善的基础设施和富有竞争力的生产环境。

4）香港：香港融合了中西方文化，是亚洲国际金融和商业中心，拥有成熟的货运和物流系统，交通运输便捷。此外，香港还有税务优惠政策和良好的投资环境以及高素质的人才，是许多全球企业的重要投资目的地。

5）新加坡：新加坡是亚洲国际金融、贸易和物流中心，同时也是一个重要的制造业和研发中心。新加坡具有优越的地理位置和政治稳定性，拥有良好的基础设施和透明高效的商业环境，这是吸引国际投资的重要优势。

综合来看，上海和北京都是中国汽车行业的中心，拥有丰富的人力资源、成熟的制造技术和强烈的市场需求；而东京是日本汽车工业中心；香港和新加坡都是国际化经济体，拥有齐全的物流和金融服务体系，同时提供了相应的税务优惠政策和良好的营商环境。

因此，您的客户可以根据自身业务需求、市场定位、产业链布局等因素来选择合适的城市设立区域总部。

我们还可以提出很多问题让 ChatGPT 帮我们厘清思路，比如我们可以问："对于汽车制造业的公司来说，设立区域总部需要考虑的核心问题有哪些？"甚至可以是具体某一个方向上的问题，比如："在政策和法规方面，有哪些需要了解清楚的点？""如果我们要在东京建立区域总部，我们可以去和哪些机构对接来获得落地、合规和税务优惠政策支持？""如果我们要在新加坡建立区域总部，我们可以去和哪些机构对接来获得落地、合规和税务优惠政策支持？"

? Prompt：

对于汽车制造业的公司来说，设立区域总部需要考虑的核心问题有哪些？

⑥ 回答：

对于汽车制造业的公司来说，设立区域总部需要考虑的核心问题有以下几个方面。

1）市场需求：选择一个产业兴旺、市场发达、有潜力的地区，以这里的市场需求为主要考虑因素。同时需要考虑当地的政策对产业的扶持程度以及与其他地区的市场竞争情况等因素。

2）人才配备：区域总部所在地一定要能满足高素质人才的需求，例如拥有悠久的汽车工业历史、技术领先、高等教育发达，以保证自身的研发能力和市场竞争力。

3）产业链完整度：汽车制造是一个由众多企业共同构建的完整产业链，区域总部所在地必须依赖完整的产业链，以满足企业的整个生产和研发流程需求。

4）政策环境：政策环境直接影响产业权益、投资条件、产权保护、税收政策等方面，因此需要考虑当地的政策稳定性，以及政策对于企业发展的支持程度。

5）基础设施：选择的区域总部所在地必须有先进的基础设施，如发达的铁路、公路、水运体系，以及高效的供电、通信、水利等基础服务，以便企业保持良好的生产状态。

总之，设立区域总部需要考虑的因素很多，除了上述几点以外，还需结合企业自身需求、税收成本、人力和公司文化等因素进行综合考量，以达到尽可能优质的运营环境。

❓ Prompt：

在政策和法规方面，有哪些需要了解清楚的点？

⑥ 回答：

在设立区域总部时，在政策和法规方面需要了解的点主要包括以下几个方面。

1）投资与税收政策：包括当地对于企业投资、资金汇出、资金转移、外汇管理、汇率等方面的相关政策和规定，以及所得税、增值税、关税等税收政策。

2）劳动法规：包括所在国家或地区的劳动合同法、工伤保险、社会保险等劳动法律法规，以确保企业在当地的人力资源管理合法合规。

3）土地和房地产法规：包括土地出让、房产登记、建筑审批等相关规定，以确保企业的用地和房地产交易合规。

4）知识产权法规：包括当地的知识产权、专利、商标、版权等，以确保企业的知识产权得到有力的保护。

5）环保标准：包括当地的环保标准和规定，以保障企业的生产和运营活动能够被合法监督和管理，同时做好环境保护措施。

6）外商投资法律法规：包括外商投资准入标准、外商投资企业股权比例限制、外资并购、海外上市、转移定价等外商投资相关规定。

总之，在设立区域总部时，需要了解当地的政策和法规情况，确保企业运营合法合规，以避免未来的不必要的风险。在这个过程中，与当地的政府机构、律师、税务师进行沟通和协商也是非常重要的。

❓ Prompt：

如果我们要在东京建立区域总部，我们可以去和哪些机构对接来获得落地、合规和税务优惠政策支持？

🟢 回答：

如果您要在东京建立区域总部，可以和以下几个机构进行对接，以便在落地、合规和税务优惠等方面得到支持。

1）JETRO（Japan External Trade Organization)：JETRO 是日本政府设立的贸易促进机构，对外提供相关商务支持和行业情报，帮助其他国家的企业拓展在日本的业务。

2）东京都：东京都政府为了吸引国际企业落户，提供了丰富的支持措施，包括帮助办理营业执照等相关手续、办理签证等。

3）日本财务省：日本财务省提供有关税收政策和法规等方面的相关咨询与支持，其他国家的企业在相关领域可以享受税务优惠。

4）日本贸易保险 (Jetrust)：Jetrust 是日本贸易保险公司，该公司能够提供商业保险、融资支持、风险管理等相关服务。

5）联合国产业发展组织：联合国产业发展组织（United Nations Industrial Development Organization，UNIDO）可以提供企业运营指导、项目管理、技术合作和可持续发展等方面的支持。

这些机构可以在设立区域总部、遵守当地法律法规、享受税务优惠等方面提供相关支持服务，建议您根据具体情况，结合自身需要与当地机构进行接触和沟通。

❓ Prompt：

如果我们要在新加坡建立区域总部，我们可以去和哪些机构对接来获得落地、合规和税务优惠政策支持？

❓ 回答：

如果您想在新加坡建立区域总部，您可以与以下机构进行对接，以便在落地、合规和税务优惠等方面得到充分的支持。

1）新加坡商业发展局（EDB）：新加坡商业发展局是由新加坡政府设立的负责引进、扶持和发展企业的机构，可以提供从市场调研、商务考察、政策分析等方面的整合性服务，以帮助企业在新加坡开展业务。

2）新加坡职业发展机构（SSG）：新加坡职业发展机构负责推广并提供从基础到高级的职业培训。

当我们敲定方案后，也可以让 ChatGPT 给敲定的方案打个草稿。示例如下。

❓ Prompt：

我需要用简练的文字向我们从事汽车制造业的客户说明为什么区域总部应该设在上海而不是东京，要给出具体的观点和数据。

❓ 回答：

设立区域总部涉及很多的影响因素，以下我将阐述一些为什么您的公司的区域总部应该设在上海而不是东京。

1）市场规模：上海是中国最大的城市之一，拥有庞大的人口和消费市场，相对于上海，东京的市场规模较小，商机较少。

2）政策环境：上海被国家政府列为"自由贸易试验区"，享有更加开放灵活的政策环境，诸如通关便利、企业注册手续更加简化等；而在东京，外商投资较为受限制。

3）供应链配套：上海是中国汽车工业的中心，这里的供应链配套完整，包括大量的原材料生产商和零部件供应商，可以为汽车制造企业提供更好的生产和供应链保障，而东京的供应链相对不完善。

4）人才优势：上海的高等教育质量和员工素质较高，拥有一大批科技人才和技术工人。同时，上海具有集聚国际化人才的优越条件，有利于企业的人才招聘和引进，而东京的劳动力成本则略高。

5）经济发展水平：上海地区人均生产总值及 GDP 均比东京高，其中上海的第三产业业务占据重要地位，特别是生产和零售业，更加符合汽车制造企业的发展方向。

以上就是我认为您的公司的区域总部应该设在上海而不是东京的原因。如果您需要更多的观点和数据，可以就具体行业和项目需求进行详细评估和比较。

12.3　PPT 大师是如何炼成的

咨询师的另一部分工作内容其实是制作各种各样精美的 PPT，咨询师往往需要把一个前期做了大量调研形成的报告总结成很多关键信息放到 PPT 中。也就是说，咨询师不仅需要提供专业的建议和解决方案，还需要将这些复杂的思路和数据以简洁清晰的方式呈现给客户。这就需要我们掌握一定的 PPT 技能，将报告中的关键信息转化成逻辑性强、易懂且吸引人的 PPT。ChatGPT 不仅可以帮我们提炼关键信息，还可以帮我们进行数据分析，这样可以达到事半功倍的效果。

一个最简单的总结内容的方式是使用以下提示词："帮我把这些内容总结成关键要点。"详细示例如下。

❓ Prompt：

帮我把这些内容总结成关键要点：

在中国内地 CEO 看来，未来 12 个月对其公司收入增长最为重要的市场是澳大利亚（27%）、美国（25%）和日本（21%）。对于中国香港 CEO 而言，最重要的增长市场是中国内地（65%）、美国（33%）和新加坡（33%）。全球 CEO 仍将美国（40%）、中国内地（23%）和德国（18%）视为最重要的市场。经济增长正从依赖单一外部经济体转变为更加平衡的模式，寻求市场多元化布局，并从本土和区域经济集群中寻找发展机遇。

谈及对外投资的未来规划，中国内地 CEO 优先考虑的目的地是"一带一路"沿线国家／地区（52%）、亚太地区（49%）和欧盟（37%）。而中国香港 CEO 则计划优先投资于亚太地区（61%）、东盟（42%）和"一带一路"沿线国家／地区（19%）。中国内地对"一带一路"沿线国家的投资升至 2019 年以来的最高水平，其中很大一部分增长来自新建的电动汽车电池生产线。复旦大学的一份报告显示，中国内地对 147 个"一带一路"沿线国家的对外投资同比增长 63%，达到 325 亿美元，而科技、制造和能源领域受益最多。企业在对外市场开展经营活动的主要动机包括：追求目标市场特有的新商机（中国内地为 55%；中国香港为 58%），以及扩大现有产品／服务的市场／客户群（中国内地为 49%；中国香港为 75%）。对中国内地企业而言，获取全球人才资源（53%）也是驱动因素之一，而中国香港企业则考虑进行战略资产配置／多元布局（47%）。

ChatGPT 马上就会按照你的指令整理成 PPT 上的关键要点，保留关键信息和数据。

❓ 回答：

以下为该段落的关键要点：

❑ 中国内地 CEO 认为，未来 12 个月对其公司收入增长最为重要的市场是澳大利亚（27%）、美国（25%）和日本（21%）。

❑ 中国香港 CEO 认为最重要的增长市场是中国内地（65%）、美国（33%）和新加坡（33%）。

❑ 全球 CEO 仍将美国（40%）、中国内地（23%）和德国

（18%）视为最重要的市场。

❑ 经济增长正从依赖单一外部经济体转变为更加平衡的模式。

❑ 企业寻求市场多元化布局，并从本土和区域经济集群中寻找发展机遇。

❑ 中国内地 CEO 对外投资的优先考虑目的地是"一带一路"沿线国家 / 地区（52%）、亚太地区（49%）和欧盟（37%）。

❑ 中国香港 CEO 则计划优先投资于亚太地区（61%）、东盟（42%）和"一带一路"沿线国家 / 地区（19%）。

❑ 中国内地对"一带一路"沿线国家的投资升至 2019 年以来的最高水平。

❑ 企业在对外市场开展经营活动的主要动机包括追求目标市场特有的新商机和扩大现有产品 / 服务的市场 / 客户群。

❑ 中国内地企业认为获取全球人才资源也是驱动因素之一，而中国香港企业则考虑进行战略资产配置 / 多元布局。

通常咨询师还需要通过数据分析去挖掘行业的底层逻辑，对不同的信息进行分析，从而为客户提供更加深入的洞察和建议。这种数据分析可以涵盖各种不同的领域，包括市场调研、消费者行为、竞争对手分析等。咨询师需要通过有效的数据收集和分析来了解客户的市场定位和目标受众。他们可能会使用各种方法来收集数据，包括在线调查、焦点小组讨论、深度访谈等。一旦数据被收集，咨询师需要将其整合到一个有意义的框架中，并进行分析，以寻找趋势和模式。在分析数据时，咨询师需要保持客观，并尽可能地减少主观偏见的影响。他们需要考虑到数据的可靠性和有效性，并将其与客户的实际情况进行对比。这样才能确保他们所提供的建议和洞察是基于客户的真实需求和情况的。通过数据分析，咨询师可以为客户提供更加深入的建议，识别出潜在的市场机会和挑战，并提供解决方案来应对可能出现的问题。这些建议可以帮助客户在竞争激烈的市场中脱颖而出，并实现商业成功。

这部分工作也可以"外包"给 ChatGPT。比如通过指令"通过以上数据我们可以得到什么底层逻辑?",ChatGPT 就可以帮我们分析之前的数据,并且挖掘其中值得关注的关键信息。

❓ Prompt:

通过以上数据我们可以得到什么底层逻辑?

⑥ 回答:

通过以上数据,我们可以得到以下底层逻辑:

1)各地区对市场的重视度不同:中国内地 CEO 认为澳大利亚是公司未来收入增长最为重要的市场,而中国香港 CEO 则认为最重要的增长市场是中国内地。全球 CEO 认为美国是至关重要的市场。这表明了不同地区的企业对市场的重视度是不同的。

2)"一带一路"仍然是中国内地企业的主要投资方向:中国内地 CEO 认为首要的投资目的地是"一带一路"沿线国家/地区,这表明"一带一路"倡议仍然具有重要的推动力。

3)企业在对外市场开展经营活动的动机:追求目标市场特有的新商机和扩大现有产品/服务的市场/客户群是企业在对外市场开展经营活动的主要动机,这表明公司在对外市场进行布局时需要做好市场情报和产品/服务调整的工作。

4)多元化战略布局:企业寻求市场多元化布局,并从本土和区域经济集群中寻找发展机遇,这表明企业越来越关注多元化的战略布局,在发展中不局限于单一的市场或领域,而是考虑不同的市场和机会。

5)全球竞争依然激烈:尽管各地的重点市场存在差异,但全球市场的竞争仍然非常激烈,企业需要在市场中保持持续的竞争优势和灵敏应对市场变化的能力。

最后,在做报告的时候,我们往往需要打磨 PPT 的大标题和小标题，ChatGPT 也完全可以胜任这部分工作。

❓ Prompt：

请帮我设计下 PPT 的大标题。

回答：

以下是几个可能的 PPT 大标题。

1）市场发展趋势：地区 CEO 眼中的市场前瞻
2）海外投资战略：企业如何应对多元市场和机遇
3）全球竞争新格局：洞察各地企业在市场中的竞争策略
4）"一带一路"新机遇：中国内地 CEO 海外投资前瞻
5）高增长市场：企业如何寻找新的增长点

12.4　跨国沟通

跨国沟通也是咨询师重要的日常工作。跨国沟通是指与来自不同国家和文化背景的人进行有效的沟通。在现代全球化的商业环境中，跨国沟通是必不可少的技能。许多企业和组织都具有跨国、跨文化的业务和客户，因此跨国沟通是顺利开展工作的关键。在管理咨询领域，客户通常是跨国公司，它们需要我们帮助应对在不同国家和文化环境中面临的管理和业务挑战。为了能够有效地帮助客户应对这些挑战，我们需要能够与客户的不同团队进行有效沟通。跨国沟通的挑战在于不同国家和文化的语言、传统、价值观、行为规范等存在差异。因此，作为咨询师，我们需要掌握跨国沟通的技巧。只有掌握了跨国沟通的技巧，我们才能在跨国和跨文化的环境中顺利开展工作，并获得更好的结果。

ChatGPT 可以在跨国沟通中发挥重要作用。以下是它在跨国沟通中可能提供的几种帮助。

❑ 翻译服务：由于 ChatGPT 可以理解多种语言并提供翻译服

务，因此它可以在跨国沟通中帮助沟通双方进行语言沟通。无论是口语还是书面交流，ChatGPT 都可以快速、准确地将信息从一种语言翻译成另一种语言，从而促进双方之间的有效沟通。

❑ 文化知识：ChatGPT 可以帮助咨询师和客户更好地理解彼此的文化背景，从而避免文化差异造成的误解和冲突。ChatGPT 可以提供有关不同文化的知识和文化交流的建议，以帮助咨询师和客户更好地理解彼此的文化背景和行为规范。

❑ 语言学习：当咨询师需要学习另一种语言以更好地与客户沟通时，ChatGPT 可以为咨询师提供语言学习方面的建议和支持。例如，ChatGPT 可以提供有关语法、词汇和发音的指导，以帮助咨询师提高语言水平。

❑ 文本处理：当咨询师需要处理大量文本数据（例如合同、报告或电子邮件）时，ChatGPT 可以帮助咨询师更快地分析和理解这些数据。ChatGPT 可以读取和分析大量文本，提取关键信息并为咨询师提供有用的摘要或结论。

以下是笔者亲历的几个场景，通过提示词成功地让 ChatGPT 在这几个场景下完成了任务。

1. 帮助提醒发邮件时要注意的文化差异

❓ Prompt：

我准备给菲律宾的客户写邮件，沟通下我们的项目进度，有哪些文化差异需要注意？

💬 回答：

写邮件给菲律宾客户时，需要注意一些与文化有关的差异。以下是一些需要注意的事项。

1）使用礼貌语：在菲律宾，人们很注重礼貌和敬意，因此在邮件中使用适当的敬称，如称呼中使用"先生""女士""敬爱的"等，会表现出您对客户的尊重。

2）引入寒暄语：在菲律宾，人们在交流时通常先进行寒暄，因此在写邮件时，适当地问候并引入寒暄语，如问候客户的生活近况等，有助于缓和双方关系。

3）给予充足时间：在菲律宾，人们的"时间观念"较弱，对时间的态度比较随意。因此，在写邮件时，需要给予对方足够宽松的时间来回复邮件，避免过于紧迫的催促，显得不够礼貌。

4）使用正式的语言：菲律宾是一个各种民族和语言交织的国家，因此要尽可能使用标准的英语，避免使用特别的缩写或难以理解的口语表达方式。

5）委婉表达意见：在表达自己的建议或意见时，菲律宾人倾向于使用委婉的表达方式，因此在写邮件时避免使用过激或直接的措辞，要表达得委婉一些。

6）注意文化敏感度：就像任何国家的人一样，菲律宾人对一些话题有特定的敏感度，如政治或宗教等，为避免引起不必要的误解或争议，建议尽量避免提及，如需提及，措辞需恰当。

遵循这些文化差异要点，可以更好地与菲律宾客户沟通交流，增进彼此的了解和信任。

2. 用尊重对方使用习惯的方式给客户写英文邮件

Prompt:

帮我给泰国银行客户写一封英文邮件，介绍什么是 IFRS 9 以及为什么需要我们这样的咨询公司对它的模型进行验证，请注意泰国本地的文化习惯。

回答：

Subject: Introduction to IFRS 9 and the Importance of Model Validation by Our Consultancy Firm

Dear Valued Client,

We hope this email finds you well. We would like to take this opportunity to introduce our consultancy firm and explain the significance of model validation, particularly in the context of IFRS 9, within the unique cultural practices and business landscape of Thailand.

Introduction to IFRS 9:

IFRS 9, or the International Financial Reporting Standard 9, is a globally recognized accounting standard that sets out guidelines for financial instruments. It primarily focuses on how organizations should account for financial assets and liabilities, including their classification, measurement, and impairment.

The Importance of Model Validation:

In light of the implementation of IFRS 9 and the growing complexity of financial instruments, it has become crucial for financial institutions to ensure the accuracy and reliability of their models used for credit risk assessment and impairment calculations. Model validation is the process of evaluating and testing these models to ensure they adhere to regulatory requirements, align with best practices, and produce reliable results.

Why Choose Our Consultancy Firm for Model Validation:

1. Expertise in Local Market: As a consultancy firm deeply rooted in the Thai market, we possess a comprehensive understanding of the local business environment, regulatory landscape, and cultural nuances. This enables us to tailor our model validation services to meet the specific needs of your organization, taking into account the unique characteristics of the Thai banking sector.

2. Compliance with Thai Regulations: Our consultancy firm is well-versed in the regulatory framework governing the Thai banking industry. We will ensure that your models comply with the regulations set forth by the Bank of Thailand and other relevant authorities, thereby mitigating the risk of non-compliance.

3. Cultural Sensitivity: We recognize the importance of cultural sensitivity in our interactions with clients. Our team is trained to respect and adapt to local cultural practices, communication styles, and business etiquettes. This ensures effective collaboration and a seamless working relationship throughout the model validation process.

4. Proven Track Record: Our consultancy firm has a strong track record of assisting numerous financial institutions in Thailand with model validation projects. Our clients have consistently praised our attention to detail, technical expertise, and commitment to delivering high-quality results within agreed timelines.

We would be delighted to schedule a meeting with you to further discuss how our consultancy firm can support your organization in validating your models under IFRS 9. Please let us know your preferred time, and we will arrange a convenient meeting.

Thank you for considering our consultancy services. We look forward to the opportunity to assist you in ensuring the accuracy and reliability of your financial models.

Yours sincerely,

[Your Name]
[Your Title/Position]
[Your Consultancy Firm's Name]
[Contact Information]

3. 出差其他国家需要尊重的文化习惯

？ Prompt:

我需要去印度尼西亚共和国（以下简称印尼）出差，请问有什么需要注意的文化习惯吗？

回答：

当您前往印尼出差时，了解一些当地的文化和礼仪是很重要的。以下是一些在印尼出差期间需要注意的文化事项。

1）尊重宗教信仰：印尼是一个多宗教国家，伊斯兰教是其主要宗教。尊重当地的宗教习俗和信仰非常重要。避免在宗教场所穿着暴露或不恰当的服装，尊重清真寺和其他宗教场所的规定。

2）礼貌与尊重感．印尼非常重视礼貌与尊重感。在与当地人交流时，使用适当的称谓和礼貌用语是很重要的。尽量避免过于直接或冷漠的言辞，避免与人发生争吵或争论。

3）礼物和交际：在商务场合，赠送小礼物是一种常见的表达友好和感激之情的方式。选择一些符合当地文化的礼物，如糖果、茶叶或传统手工艺品。递交礼物时，请使用右手递给对方，并用双手接受礼物。

4）饮食习惯：在印尼，大部分人是穆斯林，因此很多人遵守清真食品规定。尊重当地的饮食习惯，避免携带禁忌品。

5）社交距离：在印尼，人们普遍倾向于保持一定的社交距离。当您与当地人交谈时，建议保持适度的眼神接触并保持友好的微笑。握手是常见的问候方式，但有些人可能更愿意使用双手合十的方式问候。

6）穿着打扮：尽量选择适合热带气候的轻便、宽松的衣物。在商务场合，穿着正式、得体的服装，尊重当地的商务礼仪。对于女性，避免穿过于暴露的服装，尽量得体。

7）时间观念：在印尼，时间观念相对不强。会议可能会晚一些开始或延迟一段时间结束。尽量保持耐心，并尊重当地人的时间观念。

这些只是一些基本的文化事项，请记住，印尼是一个多元化的国家，不同地区和群体可能存在一些差异。在您出差之前，最好进一步研究和了解下当地的文化和习俗。

4. 不同国家的团队成员如何提前了解文化差异，调整彼此之间的沟通方式

❓ Prompt：

我的团队里有几个来自印度和澳大利亚的同事，这两个国家文化上有什么需要注意的事情？

🌀 回答：

当与印度和澳大利亚的同事合作时，了解一些文化上的差异是很有帮助的。以下是关于印度和澳大利亚文化的一些要点。

印度文化上需要注意的事情：

1）社会等级制度：印度有严格的社会等级制度，被称为"种姓制度"。在工作环境中，尽量避免提及种姓或其他与之相关的话题。

2）尊重长辈和权威：印度非常强调对长辈和上级的尊重。确保尊重他们的意见和建议。

3）人际关系：建立良好的人际关系对于在印度文化中获得成功非常重要。尽量保持友善、耐心和合作的态度。

4）多样性和宗教：印度是一个具有多种宗教和多元文化的国家。尊重各种宗教和文化，并避免对其进行贬低或争论。

5）礼仪：在与印度人交流时，尽量保持礼貌、谦虚和耐心。避免过于直接或冲动的言语和行为。

澳大利亚文化上需要注意的事情：

1）平等和包容：澳大利亚文化强调平等和包容。尊重每个人的权利和个人空间，并避免歧视或偏见。

2）直接沟通：澳大利亚人通常倾向于直接坦率地表达自己的意见。在与他们交流时，也可以采取直接的沟通方式，但要注意避免过度冲突或侮辱性的言辞。

3）时间观念：澳大利亚人通常有很强的时间观念。准时出席会议和约会，尽量避免迟到或取消约定。

4）幽默感：澳大利亚人通常喜欢幽默和轻松的氛围。在适当的场合使用幽默有助于加强沟通和建立关系。

5）工作与生活平衡：澳大利亚人注重工作与生活的平衡，他们珍视休闲时间和个人生活。尊重并理解他们在工作之外寻求平衡的行为。

这些只是一些概述，每个人都是独特的，文化差异也会有所不同。最好的方法是与团队成员进行积极的沟通，尊重彼此的差异，并愿意相互学习和适应对方的文化。

12.5　数据分析

ChatGPT 可以帮助咨询公司进行数据分析，从而为客户提供更具针对性的策略建议。以下是 ChatGPT 可以帮助咨询行业做的一些数据分析工作。

1. 数据清洗和整理

咨询公司需要对大量数据进行清洗和整理，以便进行进一步的分析。ChatGPT 可以帮助咨询公司清理数据，去重去噪和整合数据，并将数据转换为可以进一步分析的格式。

2. 数据结构分析

ChatGPT 可以通过数据结构分析，帮助咨询公司了解客户的背景、需求和特点，同时通过行业分析，找出市场的变化和发展趋势，从而制定合适的策略。

3. 建模和预测

ChatGPT 可以帮助咨询公司建立数据分析和算法模型，通过该模型来预测未来的变化趋势，并针对当前和潜在的问题，提出合适的解决方案。

4. 定制化策略建议

ChatGPT 可以通过对大量数据的学习和分析，为咨询公司定制针对性的策略建议。它可以根据产业趋势、客户需求及数据情况，为咨询公司提供数据分析服务，形成全面、有针对性的咨询策略，助力企业的发展和转型。

❓ Prompt：

请对 2020 年前后北京市的人口结构进行分析。

🆂 回答：

根据 2020 年第七次全国人口普查数据，北京市的常住人口总量为 2189.3 万人，其中男性为 1119.5 万人，女性为 1069.8 万人。以下是针对北京市人口结构的分析。

1. 年龄结构

在年龄结构方面，北京市的常住人口呈现老龄化趋势，老年人口比重明显增加。60 岁及以上的老年人口占比为 19.6%，15～59 岁的中年人口占比为 68.5%，0～14 岁的儿童和青少年占比为 11.9%。

2. 性别比例

在性别比例方面，北京市男性人口略高于女性人口，男女比例约为 1.05∶1。

3. 教育水平

在教育水平方面，北京市有着较高的受教育人口比例。数据显示，全市常住人口中，具有大学（大专及以上）文化程度的人口为919.1 万人。

4. 户籍构成

北京市常住人口中，841.8 万人为外省市来京人口，占常住人口的 38.5%。

5. 城乡结构

北京市常住人口以城镇居民为主，城镇人口和乡村人口比例为87.5∶12.5，城镇化水平进一步提高。

总体来说，北京市常住人口结构呈现出老龄化、男性略多、受教育程度高、常住居民多和城镇化率高的特点。以上数据可以为政策制定者和研究人员提供有关北京市人口及社会变迁的相关参考。

12.6　专业知识管理

ChatGPT 可以帮助咨询公司进行专业知识管理，从而为咨询人员提供定制化的知识支持。以下是 ChatGPT 可能提供的支持。

1. 智能知识库

ChatGPT 可以建立一个智能的知识库，包括咨询行业的行业知识、技术和最佳实践，以及公司的经验教训和案例等。它可以帮助咨询行业专家捕捉和记录知识，并将这些知识注入公司的知识库中，从而为咨询人员提供解决一些具有挑战性的问题所需的高质量信息。

2. 自主学习模式

利用机器学习算法，ChatGPT 可以学习咨询公司的业务知识，并开发出推荐系统，使咨询人员可以更加便捷地获得建议和解决方案。ChatGPT 可以利用聊天功能，向咨询人员展示解决方案，并结合咨询人员对方案的反馈，对策略进行修订和优化。

3. 提供定制化解决方案

ChatGPT 通过学习客户需求的模式和行业发展的趋势，为客户提供有针对性的方案，以提高客户对咨询的接受度和满意度。

家长辅导孩子功课的 Prompt 技巧和案例

　　家长往往都会遇到辅导孩子功课的问题。有句话叫："不辅导作业母慈子孝，一辅导作业鸡飞狗跳。"如果收集家长们带娃过程中的崩溃时刻，辅导作业一定是被高频率提及的时刻。对于许多家长来说，辅导孩子的作业是一项烦琐而且令人沮丧的任务。这项任务通常需要花费很多时间和精力，而且家长可能需要自学一些新的知识，以便能够帮助孩子完成作业。此外，孩子们的注意力往往难以集中，有时甚至会变得有些顽固，这使得辅导作业的过程更加困难。不过，尽管辅导作业可能会让家长感到沮丧和疲惫，但是这也是一项非常重要的任务。通过辅导孩子完成作业，家长可以帮助孩子建立良好的学习习惯和自信心，这对孩子的未来发展至关重要。

　　有了 ChatGPT 和文心一言这些工具之后，我们就可以更好地辅导孩子功课了。近期笔者在旧金山、新加坡、上海的朋友，经常会发现很多家长用 ChatGPT、文心一言用得最频繁的时候并不是在工作上面，而是在辅导孩子功课上面。这些工具可以极大地减轻家长辅导作业的负担。通过 ChatGPT，家长们可以向它提问，让它解答孩子的问题，提供相关的知识和技能，并帮助他们更好地理解和解决问题。它还可以帮助家长检查孩子的作文，提供写作建议，提高孩子的写作水平。甚至，在英语这些学科，ChatGPT 往往可以更好地指导孩子的英语写作和阅读理解能力。AI 工具可以用低成本的方式，让大家都能接触到原本很昂贵的优质教育资源。

通过这些工具，家长们可以更轻松地辅导孩子完成作业，省去了翻阅图书和查找答案的时间，提高了效率。而且这些工具可以让家长们更好地掌握孩子的学习进度和存在的问题，及时解决学习中的困难，促进孩子的学习和成长。总之，这些工具可以帮助家长更好地辅导孩子完成作业，让孩子在学习中得到更好的帮助和指导，为他们的未来发展打下坚实的基础。同时，也可以帮家长们省下大量的时间，让家长可以得到更多时间去休息放松或者去维护自己的社交圈。而且，家长在这个过程中，不会再像以往，在辅导孩子作业的过程中，容易积累负面情绪，有助于构建良性健康的亲子关系。可以说，借助 AI 工具辅导孩子功课，符合教育的进化方向，在这个过程中，家长、孩子都能受益，这是一个双赢的局面。

下面，我们通过各个学科的辅导场景来给大家展示一下，如何通过 Prompt 来辅导孩子功课。

13.1 语文功课辅导

语文是一门基础学科，它涉及语言的各个方面，包括听、说、读、写、词汇、语法、修辞等。在学习语文的过程中，不仅要掌握这些基础知识，还要培养语感、思维能力、阅读能力、写作能力等多方面的能力。语文功课辅导不仅仅是简单的知识传授，更是对学生综合能力的提升和培养。语文功课辅导应该帮助学生深入理解语文知识，同时引导学生掌握好的学习方法和思维方式，使学生能够在语文学习中不断提升自己的能力和水平。通过语文功课辅导，学生不仅能够提高自己的语文成绩，还能够在日常生活和职业发展中获得更多的机会和优势。因此，语文功课辅导是一个综合能力的体现。

13.1.1　作文辅导

作文首先在于选题。一个好的选题其实考验的是一个学生对于主题的理解能力。

我们可以首先用一个简单的提示词，让 ChatGPT 给学生提供一些标题。

? Prompt：

我想写一篇亲情主题的作文，帮我起一个标题。

回答：

当亲情遇见时光——写在心中的温馨记忆

有了标题之后我们可以进一步帮学生构建写作的思路和框架。我们可以输入以下提示。

? Prompt：

我想写一篇作文，标题是：当亲情遇见时光——写在心中的温馨记忆。请帮我构思一个作文大纲。

回答：

作文大纲：当亲情遇见时光——写在心中的温馨记忆

I. 引言
A. 提出亲情和时光相遇的主题
B. 引入个人的温馨记忆

II. 第一段：家庭中的亲情之源
A. 描述家庭成员之间的关系和联系

B. 强调亲情是一种特殊的情感纽带

C. 引出温馨记忆的起点

III. 第二段: 特殊时刻的温暖回忆

A. 描述某个特定的时刻或事件

B. 详细叙述亲人们的参与和表达的关心

C. 说明这一时刻对自己的意义和影响

IV. 第三段: 亲情的支持和关怀

A. 举例说明亲人们在困难和挫折中的支持和关怀

B. 强调他们的鼓励和支持如何给予自己力量和勇气

C. 讲述具体的亲情故事, 展示他们的无私奉献

V. 第四段: 共同创造的美好回忆

A. 描述家人们共同经历的快乐时光

B. 强调这些美好回忆的重要性和价值

C. 指出这些回忆对个人成长和家庭凝聚力的作用

VI. 结论

A. 总结亲情和时光的相遇对个人的重要性

B. 强调保持和珍惜这些温馨记忆的意义

C. 呼吁读者重视和关爱自己的亲人

请注意, 这只是一个作文大纲的构思, 你可以根据自己的实际情况和个人记忆, 展开具体的细节和故事, 使作文更加生动有趣。

这个框架对于形成系统思考比较有帮助。学生通过这样的框架可以形成比较好的写作习惯, 在动笔前对文章有一个足够的框架把握。整体框架把握对于学生来说, 是一个要求很高的技能, 从长远看, 不管是作文写作, 还是未来学习中进行思维导图的训练, 掌握这样的技能都是非常有价值的。

我们也可以通过 ChatGPT 积累好词好句, 学习修辞手法。

❓ Prompt：

我现在在写一篇有关亲情的作文，帮我提供一些作文中可以使用的好词好句，要多用各种修辞手法。

回答：

当谈及亲情时，以下是一些可以使用的好词好句和修辞手法，以增强作文的表达力和感染力：

1. 比喻修辞手法

❑ 亲情如一束温暖的阳光，照亮我生命的每一个角落。
❑ 他的爱如大海般深邃，永不干涸。

2. 拟人修辞手法

❑ 亲情是一位默默守护的守夜人，无论日夜，始终保护着我们。
❑ 父母的关怀是一双无形的翅膀，把我们从困境中解救出来。

3. 对比修辞手法

❑ 亲情是黑夜中的一盏明灯，照亮我们前进的方向。
❑ 亲人的关爱如清泉，滋润我们干渴的心灵。

4. 排比修辞手法

❑ 他们给予我爱的陪伴、关怀的问候、耐心的倾听。
❑ 他们在我迷茫时给予指引、在我失败时给予激励、在我忧伤时给予安慰。

5. 比较修辞手法

❑ 亲情犹如一棵成长的树，从小小的种子发芽，茁壮成长，枝繁叶茂。
❑ 亲情就像一座坚固的堡垒，守护着我免受外界的伤害。

6. 反问修辞手法

❏ 当我们遇到困难时，谁会毫不犹豫地伸出援手？是亲人。
❏ 什么是永恒的、无私的、纯粹的情感？亲情。

7. 感官修辞手法

❏ 在他的怀抱中，我闻到了家的味道，温馨和安全的气息。
❏ 每一次和他们相聚，我的心都被幸福的音符所填满。

8. 感情色彩修辞手法

❏ 当我回首往事，那些亲情的片段仍然让我心生温热的感觉。
❏ 亲情是一种深深的情感，它能够温暖我们的心灵，给予我
们力量。

这些例子可以帮助你更生动地表达亲情的意义和感受。请根据
具体情境和个人记忆，将它们巧妙地融入你的作文中，使之更加丰
富多彩。

13.1.2　文言文辅导

文言文也是一个对于大部分家长和小孩都比较头疼的内容。很
多家长的文言文功底其实并不扎实，再加上远离校园，很多文言文
知识早就忘记了，如果这个时候辅导孩子功课，可以说是一件让人
颇为头疼的事情。如果我们可以借助大语言模型来学习文言文，将
事半功倍。以下是使用 ChatGPT 翻译文言文的例子。

❓ Prompt：

将以下文言文翻译成白话文：九月契丹大举入寇时以虏寇深入
中外震骇召群臣问方略王钦若临江人请幸金陵陈尧叟阆州人请幸成
都帝以问寇准，准曰："不知谁为陛下画此二策？"帝曰："卿姑断
其可否，勿问其人也。"准曰："臣欲得献策之人，斩以衅鼓，然后
北伐耳！陛下神武，将臣协和，若大驾亲征，敌当自遁；不然，出

奇以挠其谋，坚守以老其师，劳佚之势，我得胜算矣。奈何弃庙社，欲幸楚、蜀，所在人心崩溃，敌乘胜深入，天下可复保耶？"帝意乃决，因问准曰："今虏骑驰突，而天雄军实为重镇，万一陷没，则河朔皆虏境也。轨为可守？"准以王钦若荐，且曰："宜速召面谕，授敕俾行。"钦若至，未及有言，准遽曰："主上亲征，非臣子辞难之日，参政为国柄臣，当体此意。"钦若惊惧不敢辞。闰月乙亥，以参知政事王钦若判天雄军兼都部署。契丹主隆绪同其母萧氏遣其统军顺国王萧挞览攻威虏、顺安军，三路都部署击败之，斩偏将，获其辎重。又攻北平砦及保州，复为州砦兵所败。挞览与契丹主及其母合众攻定州，宋兵拒于唐河，击其游骑。契丹遂驻兵阳城淀，号二十万，每纵游骑剽掠，小不利辄引去，徜徉无斗志。是时，故将王继忠为契丹言和好之利，契丹以为然，遣李兴议和。帝曰："朕岂欲穷兵，惟思息战。如许通和，即当遣使。"冬十月，遣曹利用诣契丹军。十二月庚辰，契丹使韩杞持书与曹利用俱来，请盟。利用言契丹欲得关南地。帝曰："所言归地事极无名，若必邀求，朕当决战！若欲货财，汉以玉帛赐单于，有故事，宜许之。"契丹犹觊关南，遣其监门卫大将军姚东之持书复议，帝不许而去。利用竟以银十万两、绢二十万匹成约而还。（节选自《宋史纪事本末·契丹盟好》）

🅖 回答：

　　九月的时候，契丹大举入侵，他们的侵略势力深入我国的内外，引起了中外震动。皇帝召集群臣询问对策，王钦若，一个临江人，建议皇帝前往金陵避难，而陈尧叟，一个阆州人，建议皇帝前往成都。皇帝询问寇准，寇准问道："不知是谁为陛下出了这两个计策？"皇帝说："你暂时不要问这个人是谁，只是判断这些计策是否可行。"寇准说："臣想找到提出这些计策的人，将其斩首，然后北伐！陛下威武，将士们团结一致，若亲自率军征战，敌人必定会溃败；否则，我们可以采取奇袭来扰乱他们的计划，坚守阵地来消耗他们的力量，通过调动劳动和休息的力量，我们一定能取得胜利。为何要抛弃宫庙和社稷，去金陵和蜀地避难呢？那里的民心将崩溃，敌人会趁胜深入，天下将无法恢复，不是吗？"皇帝决心已定，于是问寇准："现在敌人骑兵迅猛突进，而天雄军是一个重要的城镇，如果万一失守，河北和河朔都将成为契丹的势力范围。这个地方是否可以守住？"寇准推荐了王钦若，并且说："应该迅速召见他，传达命令，让他去执行。"王钦若到达后，还没来得及说话，寇准急忙说道："陛下要亲自征战，这不是臣子推辞的时候，参政作为国家的重要人物，应该理解陛下的意思。"王钦若吓得不敢推辞。闰月乙亥日，以王钦若为天雄军的参知政事和都部署。契丹主隆绪与他的母亲萧氏派遣统军顺国王萧挞览攻打威虏和顺安军，三路都部署击败了他们，斩杀了副将，缴获了他们的军需物资。他们还攻打北平砦和保州，但被州砦的军队击败。萧挞览和契丹主与他的母亲一起攻打定州，宋军抵挡在唐河，击退了他们的游骑。契丹军随后驻扎在阳城淀，号称有二十万人，他们每次派出游骑进行抢劫，只要稍有不利，就会撤退，游戏无斗志。这时，原将领王继忠向契丹提出和平的好处，契丹认为这个观点有道理，派遣李兴议和平。皇帝说："我并不想进行消耗战，只是希望停战。如果他们提出和平条件，我会派遣使者去商谈。"十月冬天，派遣曹利用去契丹军营。十二月庚辰，契丹派遣韩杞携带信函与曹利用一起来，请求缔结盟约。曹利用说契丹想要得到关南的土地。皇帝说："你们所说的归地问题毫无根据，如果他们一定要要求，我就要决战了！如果他们想要财宝，汉朝过去给单于赐予玉帛的事例有先例，可以答应他们。"契丹还在固执地追求关南，派遣监门卫大将军姚东之携带信函再次商议，但被皇帝拒绝并离去。曹利用最终以十万两银子和二十万匹绢作为约定回来了。（选自《宋史纪事本末·契丹盟好》）

古诗词鉴赏也可以用 ChatGPT 来解答。比如我们可以给古诗词鉴赏的问题后面加上"请给出以上古诗词鉴赏问题的答题步骤和最终答案。"，那么 ChatGPT 就可以给出准确的答案和答题思路。这样孩子不仅得到了一个答案，还能学会答题的思路和技巧。

❓ Prompt：

绝句二首　其一

杜甫

迟日江山丽，春风花草香。

泥融飞燕子，沙暖睡鸳鸯。

注：此诗写于诗人经过"一岁四行役"的奔波流离之后，暂时定居成都草堂时。

此诗描绘了怎样的景物？表达了诗人怎样的感情？请简要分析。

请给出以上古诗词鉴赏问题的答题步骤和最终答案。

⑤ 回答：

答题步骤：

1）阅读古诗杜甫的《绝句二首　其一》。

2）理解诗句中的意象和意境。

3）分析诗句描绘的景物和表达的情感。

4）提炼答案，给出鉴赏问题的最终答案。

《绝句二首　其一》是杜甫的一首绝句诗，描绘了一幅春日江山的美景。诗句中的景物包括迟日、江山、春风、花草、泥融、燕子、沙暖和鸳鸯。

首先，诗句的第一句"迟日江山丽"描述了夕阳映照下的江山美景。"迟日"指的是太阳西下的时刻，意味着一天的尾声，也可以理解为诗人在人生的晚年阶段。"江山"则指的是大自然的美景，可能是指杜甫所在的成都地区的山水景色。"丽"表示江山的美丽。

第二句"春风花草香"描绘了春天的气息。"春风"指的是温暖的春风，吹拂着大地，给人带来宜人的感觉。"花草香"表示春天万物复苏，花草散发出香气，增添了生机和活力。

第三句"泥融飞燕子"表达了泥土解冻后燕子归来的景象。"泥融"指的是泥土融化，暗示着冬天已过，春天来临。"飞燕子"表示燕子在春天飞回来，象征着春天的到来和季节的转变。

最后一句"沙暖睡鸳鸯"描绘了鸳鸯在温暖的沙地上休憩。"沙暖"表示沙地温暖，可以让鸳鸯安然入睡。鸳鸯通常是成对出现的，象征着夫妻间的爱情和团结。

从诗句中可以感受到诗人在经历了一段时间的流离失所后，来到成都草堂定居，对于新环境中的美景和温暖的春天充满了喜悦和愉悦的情感。诗人通过对自然景物的描绘，抒发了自己内心的欢欣和对生活的热爱。

最终答案：

《绝句二首 其一》描绘了迟日映照下的江山美景，以及春天的花草香气和归来的燕子。诗人通过对自然景物的描绘表达了对新环境美好景色的喜悦和对生活的热爱。

13.2 英语功课辅导

英语可以说是大部分家长最无能为力的一个科目。不仅是因为英语作为一门外语需要更多的学习和练习，也是因为英语教育的方式和内容与家长熟悉的教育方式存在巨大差异。很多家长会发现他们自己在学生时代学习的英语知识和现在学生学习的英语知识也存在较大的差异。这就导致家长无法有效地指导孩子学习英语。此外，英语学科的教育内容和教学方式也在不断变化，家长需要不断跟进这些变化才能更好地帮助孩子。以前家长只能通过请外教、英语家教来进行辅导，现在有了 ChatGPT，我们完全可以用最低成本去接触到最优质的资源。

13.2.1　英语语法纠错

ChatGPT 可以帮我们进行英语语法纠错。比如使用 Prompt："帮我将这个英语句子的语法错误改正并且给出解释："再加上有语法错误的句子。以下就是一个具体的例子，可以看到，ChatGPT 不仅可以给出正确的英语表达，而且可以对语法错误的原因进行解释，帮助学生举一反三。

❓ Prompt：

帮我将这个英语句子的语法错误改正并且给出解释：I are happy that you is here. 请用中文回答。

💠 回答：

句子错误：I are happy that you is here.

改正后的句子：I am happy that you are here.

解释：原始句子中有两个语法错误。首先，主语"I"应该与动词"am"保持一致，因此应使用"I am"。其次，对于第二人称单数主语"you"，应该使用"are"作为动词的形式。因此，改正后的句子为"I am happy that you are here"，意思是"我很高兴你在这里"。

这样的英语辅导非常个性化，学生完全可以通过它对自己薄弱的地方进行加强。比如，我们可以通过 Prompt"给出十个有语法错误的英语句子"来得到一些错句。再通过另外一个 Prompt"将这十个英语句子的语法错误纠正并且给出具体原因。"来得到正确的句子和解释，从而加深对于英语语法的理解。

❓ Prompt：

给出十个有语法错误的英语句子，将这十个英语句子的语法错误纠正并且给出具体原因。请问中文回答。

⑤ 回答：

当然可以！以下是十个有语法错误的英语句子及纠正后的版本和错误原因。

1. Wrong: She don't like apples.

Correct: She doesn't like apples.

Explanation：主语"She"应该使用第三人称单数形式，因此动词应为"doesn't"而不是"don't"。

2. Wrong: I goed to the store yesterday.

Correct: I went to the store yesterday.

Explanation：动词"go"的过去式形式是"went"，而不是"goed"。

3. Wrong: The boys plays soccer every day.

Correct: The boys play soccer every day.

Explanation：主语"The boys"是复数形式，所以动词"play"也应该用复数形式，而不是"plays"。

4. Wrong: He don't have any money.

Correct: He doesn't have any money.

Explanation：同样的错误，主语"He"需要使用第三人称单数形式，因此动词应为"doesn't"而不是"don't"。

5. Wrong: They is going to the party tonight.

Correct: They are going to the party tonight.

Explanation：主语"They"是复数形式，所以动词"are"也应该用复数形式，而不是"is"。

6. Wrong: The cat laid on the mat.

Correct: The cat lay on the mat.

Explanation：这里的动词应该使用过去式"lay"，而不是"laid"。"laid"是"lay"的过去分词形式。

7. Wrong: She don't want to come with us.

Correct: She doesn't want to come with us.

Explanation：主语"She"需要使用第三人称单数形式，因此动词应为"doesn't"而不是"don't"。

8. Wrong: We goes to the park every weekend.

Correct: We go to the park every weekend.

Explanation：主语"We"是复数形式，所以动词"go"也应该用复数形式，而不是"goes"。

9. Wrong: The dog catched the ball in midair.

Correct: The dog caught the ball in midair.

Explanation：这里的动词应该使用过去式"caught"，而不是"catched"。"catched"是"catch"的错误形式。

10. Wrong: I have went to that restaurant before.

Correct: I have gone to that restaurant before.

Explanation：这里需要使用"have gone"的形式来表示"去过"，而不是"have went"。

13.2.2　英语作文辅导

英语作文辅导往往是家长的难题，这是因为许多家长不熟悉英语的语法和用法，也不知道如何教导孩子写好的英语作文。此外，许多家长也没有足够的时间和精力去辅导孩子，尤其是在工作繁忙的时候。这些问题使得很多孩子缺乏足够的英语写作能力，而这却是在当今全球化的世界中越来越重要的一项技能。

最简单的用法就是直接把作文题目和要求给到 ChatGPT。

❓ Prompt：

假设你是红星中学高三学生李华。你和英国好友 Jim 原定本周末一起外出，你因故不能赴约。请你用英语给他写一封电子邮件，内容包括：

1）表达歉意并说明原因；
2）提出建议并给出理由。

注意：词数 100 左右；开头和结尾已给出，不计入总词数。

Dear Jim,

Yours,

Li Hua

⟐ 回答：

Dear Jim,

I hope this email finds you well. I'm writing to apologize for not being able to join you this weekend as planned. I'm truly sorry for any inconvenience caused.

The reason for my absence is that I unexpectedly received an important call from my uncle. He needs my assistance with some urgent matters that require my immediate attention. It's something I cannot postpone or delegate to someone else.

However, I have a suggestion for you. Since the weather forecast predicts heavy rain this weekend, it might be a good idea to postpone our outing to a later date when the weather is more favorable. This way, we can still have a great time without having to worry about the rain ruining our plans.

Again, I apologize for any inconvenience caused, and I hope you understand the situation. Let's plan another outing soon. I'm looking forward to catching up with you.

Yours sincerely,

Li Hua

另外一种用法就是用它来改写孩子的作文。ChatGPT 的写作水平比绝大部分母语是英语的人写得还好。从这个角度来说，ChatGPT 是一个顶级外教，我们应该利用好这个资源。

❓ Prompt：

帮我把这篇文章润色一下。

Title: Be Smart Online Lerner

Introduction:

The Internat is a big place with lotz of stuff to learn. As middle shcoolers, we shoudl be smart online learners to make the most out of the Internet. In this essay, I will talk about some tips to be a smary online learner.

Body:

Use Gugle for Research:

Gugle is a poweful tool that can help us find infomration quickly. We should use it to serch for infomration about our topics. But, we should be careful to check the infomration's reliablility. Anybody can post stuff on the Internat, so it may not always be accurate. We need to cross-check the facks with other souces to be sure.

Don't Copy Everything:

When we find infomration for our projccts, we should not just copy and paste everything. That's called plagrasim, and it's bad. We should read the infomration and then put it in our own words. That way, we learn better and also show our own understanding of the topic.

Be Safe Online:

Being safe online is imporant. We should not share personal infomration like our full name, address, phone number, or password with anyone. There are bad people on the Internat who can misuse our infomration. We should also be careful while chatting with strangers online. We never know who they really are.

Avoid Distractions:

The Internat can be full of distractions. We may start by looking up something for our homework and end up spending hours on social media or playing games. We should set a time limit for ourselves and stick to it. That way, we can stay focused and get our work done.

Conclusion:

In conclusion, being a smary online learner is imporant for us middle shcoolers. We should use tools like Gugle for research, be careful with our infomration, avoid plagrasim, and stay focused. By being smart online learners, we can make the most of the Internat and achieve great things.

🅢 回答：

Title: Becoming a Smart Online Learner

Introduction:

The Internet is a vast expanse of knowledge waiting to be explored. As middle schoolers, it is crucial for us to become smart online learners in order to maximize our potential on the Internet.

This essay will discuss several tips to help us become smarter online learners.

Body:

Utilize Google for Research:

Google is a powerful tool that enables us to find information quickly. We should utilize it to search for relevant information related to our topics. However, it is essential to exercise caution and verify the reliability of the information. As the Internet allows anyone to contribute, the accuracy of the content may vary. Hence, we must cross-check the facts using multiple sources to ensure their credibility.

Avoid Copying Everything:

While gathering information for our projects, we should refrain from simply copying and pasting everything we find. This practice, known as plagiarism, is unacceptable. Instead, we should read the information and rephrase it in our own words. This approach not only enhances our understanding but also demonstrates our grasp of the topic.

Prioritize Online Safety:

Online safety is of utmost importance. We should refrain from sharing personal information such as our full name, address, phone number, or password with anyone. It is crucial to remain cautious while engaging in online conversations with strangers, as their true intentions may be unknown.

Minimize Distractions:

The Internet can be a source of numerous distractions. We may begin by searching for information relevant to our homework, only to find ourselves spending hours on social media or playing games. To combat this, it is essential to set time limits for ourselves and adhere to them strictly. By doing so, we can maintain focus and accomplish our tasks efficiently.

Conclusion:

In conclusion, becoming smart online learners is vital for us as middle schoolers. We should utilize tools like Google for research purposes, handle our information with care, avoid plagiarism, and cultivate the ability to stay focused. By adopting these practices, we can harness the full potential of the Internet and achieve remarkable feats.

13.3 思维训练

孩子往往对世界充满探索欲和好奇心。ChatGPT 还可以解答孩子的种种问题。换句话说，我们完全可以把 ChatGPT 当作"十万个为什么"来使用。

比如我们可以让它告诉我们：为什么大海是蓝色的？

❓ Prompt：

为什么大海是蓝色的？

⑥ 回答：

大海看起来是蓝色的主要原因是光的散射和吸收。当太阳光照射到海水中时，其中的光线会与水分子发生相互作用。在这个过程中，水分子吸收了较短波长的光，特别是红色和黄色的光，而较长波长的蓝色光则相对较少被吸收。

因此，当我们看向海洋时，我们主要看到被散射的蓝色光线。

海洋中的水分子通过散射蓝光的方式将其反射回我们的眼睛，使得海水呈现蓝色。

值得注意的是，海洋的颜色也受到其他因素的影响，如天空的颜色和反射物质的存在。在晴朗的天空下，海水的蓝色可能会更加明亮。此外，当海洋中存在大量悬浮物质或浮游生物时，海洋的颜色也会改变，呈现绿色、褐色或浑浊的外观。

总的来说，海洋呈现蓝色主要是由于水分子对较短波长的光吸收较多，散射较少，使得蓝色光线成为主要的反射光线。

或者用最简单的语言来解释什么是计算机科学。

❓ Prompt：

用最简单的语言来解释什么是计算机科学？

⑤ 回答：

计算机科学是一门研究计算机的科学。就像你有一台电脑或者平板电脑一样，计算机科学家是研究如何让电脑变得聪明并帮助我们做各种事情的人。

他们使用代码来告诉电脑如何运行和做不同的任务。就像你给朋友写信一样，他们写的代码是电脑可以理解的信件。通过这些代码，他们可以让电脑玩游戏、绘画、解答问题等。

计算机科学家还研究如何保护电脑和我们的信息安全。他们找出电脑中的漏洞并修复它们，以确保我们的电脑和个人信息不会被坏人入侵。

总的来说，计算机科学就是研究和使用电脑的科学，让电脑成为我们的好朋友，并帮助我们做很多有趣的事情。

278 ❖ Prompt 魔法：提示词工程与 ChatGPT 行业应用

13.4　概念解释

ChatGPT 是一种基于机器学习的人工智能程序，它可以通过分析语言模式和上下文，帮助家长和他们的孩子进行交流和沟通。如果家长想要向他们的孩子讲解一些高深的概念（比如量子力学、黑洞等），但又不知道如何描述清楚，那么他们可以向 ChatGPT 提出问题，ChatGPT 会根据孩子的年龄、学习水平和理解程度，尽量用通俗易懂的语言帮助家长解释这些概念。从而让孩子更容易地理解和学习这些高深的科学知识。

❓ Prompt：

请用通俗易懂的语言，让小朋友明白"量子力学"。

⑤ 回答：

可以这么比喻，想象微小粒子是小小的乒乓球，我们研究它们就像玩乒乓球一样。但奇怪的是，这些乒乓球在空中不只是一条直线运动，有时候它们还像跳跳球，可能会在很多不同的地方都出现。而根据量子力学的研究，我们发现这些乒乓球的运动和位置都是不确定的，它们可能会出现在很多奇怪的地方，一点也不按照我们日常经验的常识来的。这个过程非常有趣，也有许多让人惊叹的发现。

13.5　快速获取学习技巧

学习过程需要技巧，ChatGPT 能链接海量的数据，在短时间内帮你筛选出最优质的技巧，从而让家长在家庭辅导中用巧方法让孩子快速学习，达到事半功倍的结果。

❓ Prompt：

背九九乘法表，有什么技巧？

回答：

　　拐弯法，首先背一二得二，此时接着背二二得四，这时拐弯向下背二三得六、二四得八、一直到二九十八；然后回到一三得三、二三得六、三三得九，再拐弯往下三四一十二，一直到三九二十七；如此类推，回到一四得四接着拐弯。这样背的一个特点是，从一到九的口诀都有九句，几的口诀就逐渐增加几。

13.6　学校活动策划

　　当学生参与到学校活动的策划中时，他们不仅可以展示自己的创造力和组织能力，还可以培养团队合作和领导技能。ChatGPT 作为一个强大的语言模型，可以为学生提供许多创意和策划方案的帮助。

　　首先，ChatGPT 可以提供有关不同类型活动的主题和概念建议。学生可以向 ChatGPT 描述他们希望策划的活动的性质、目的和受众群体，然后 ChatGPT 可以生成一系列创意和主题，以激发学生的思维并帮助他们选择最适合的方案。

　　其次，ChatGPT 可以提供详细的活动策划步骤和时间安排。学生可以向 ChatGPT 咨询如何制定活动的预算、制定时间表、招募志愿者以及与相关部门合作等问题。ChatGPT 可以为他们提供指导，确保活动策划的顺利进行。

　　此外，ChatGPT 还可以帮助学生制定活动的推广和宣传方案。学生可以向 ChatGPT 询问最有效的宣传渠道、设计吸引人的海报和传单，以及如何利用社交媒体来扩大活动的影响力。ChatGPT 可以提供有关市场营销和品牌推广的建议，帮助学生将活动传达给更多的人。

　　最后，当学生面临困难或遇到问题时，ChatGPT 可以作为他们的指南和良师益友。学生可以向 ChatGPT 提出关于活动策划中的挑战、人员管理、预算控制等方面的问题。ChatGPT 可以提供实用的建议和解决方案，帮助学生克服困难并取得成功。

综上所述，ChatGPT 作为一个强大的语言模型，在学生策划学校活动的过程中发挥着重要的作用。它可以提供创意、策划指导和问题解决方案，帮助学生展示他们的才华，保证活动成功进行。学生可以利用 ChatGPT，使他们的学校活动充满创造力、独特性。

比如学生需要策划语文课的情景表演，就可以借助 ChatGPT 来得到一些灵感。

❓ Prompt：

帮忙策划一下语文课的情景剧课堂表演，主题是考试不要作弊。要生动活泼。

🖼 回答：

当然可以！以下是一个关于考试不要作弊的生动活泼的情景剧课堂表演的策划方案。

标题：《诚实的胜利》

角色：

1. 小明（学生，主角）

2. 小红（学生，小明的朋友）

3. 老师（课堂上的教师）

4. 马力（学生，小明的同学）

5. 执事（惩罚作弊的学生）

6. 考试监考员

场景：课堂

剧情梗概：

第一幕：

课堂开始，学生们进行了一场重要的语文考试。在考试期间小明注意到他的同学马力在作弊，他心里很矛盾，不知道该怎么办。考试结束后，小红察觉到小明的困惑，他偷偷走到小明身边，关切地问他发生了什么。

第二幕：

小明向小红坦白了他看到的作弊行为，但他担心作弊会带来不公平。小红鼓励他说，诚实是最重要的品质，他们应该做正确的事情。

第三幕：

小明下定决心，决定向老师举报作弊行为。他悄悄走到老师身边，告诉老师发生的情况。老师非常感谢小明的诚实，并决定采取措施来处理这个问题。

第四幕：

考试监考员宣布马力因作弊而受到了处罚。马力非常后悔自己的行为，但也明白了诚实的重要性。

第五幕：

在课后，小明和小红在教室外面碰到了马力。他们向马力解释了作弊的后果，并告诉他在未来要坚持诚实，以实现真正的成功。

通过这个情景剧，学生们将明白作弊不仅是对自己的不公平，还会破坏整个考试的公正性。同时，他们也会理解诚实的重要性，并被激励去追求真正的成功。

希望这个策划方案能帮到你！祝你的语文课情景剧表演顺利！

第 14 章

AI 时代的超级个体

写到这一章的时候，我们也来到了本书的尾声。学会了各种 Prompt 魔法的你们，一定也跟我们一样，既兴奋又迷茫。兴奋的是我们掌握了大量实战技巧，在各个维度、各个场景的能力在 AI 工具的加持下都得到跃升。但迷茫的是，当 AI 能够在知识性、创造性的工作上都表现如此优秀后，人类的价值又是什么？笔者和很多政府官员、企业家、学术大咖交流过，大家普遍都觉得，在目之所及的未来，大规模的失业是不可避免的。有些人选择拥抱 AI，有些人把 AI 当作对手，也有些人因为不懂怎么使用 AI 工具而对 AI 这波大浪潮无感。

在这个充满变革和不确定性的时代，我们不得不重新审视人类的价值和作用。AI 的出现无疑给我们带来了前所未有的机遇，但也不可避免地带来了一些挑战。我们需要在人类和 AI 之间寻找一种新的平衡点。

首先，我们需要意识到，AI 只是一种工具，它并不能完全替代人类。在很多领域，人类的独特能力是无法被 AI 所复制的，比如情感理解、创意思维、人际交往等。这些能力正是人类所拥有的，也是 AI 所不具备的。

其次，我们需要转变思维方式，把 AI 看作我们的合作伙伴，而不是对手。只有与 AI 进行有效的合作，我们才能充分发挥各自的优势，实现人机协同，实现更高效、更智能的工作和生活方式。

最后，我们需要不断地学习和进化，提高自己的能力和竞争力。随着 AI 技术的不断进步，我们需要不断地更新自己的知识和技能，不断地适应变化的环境和需求。

总之，AI 的出现给我们带来了无限的可能性，但也需要我们重新审视自己的价值，与 AI 进行有效的合作，不断学习和进化，才能实现人机协同的最优化。让我们拥抱变革，迎接未来的挑战和机遇。作为本书的最后一章，让我们一起对这个问题进行系统的探讨，也为我们这段旅程画上一个圆满的句号。

14.1　人类本质上也是"随机鹦鹉"吗

回顾第 1 章，我们提到了"随机鹦鹉"这个概念。那么人类本质上是不是"随机鹦鹉"呢？

人类的本质与大语言模型不同，因为人类有独特的思维能力和情感体验。人类能够理解语义和上下文，并在交流时考虑对方的感受和背景。大语言模型则仅仅是通过学习文本数据中的统计规律来产生输出，缺乏真正的理解和情感体验。

然而，从某种意义上说，人类也可以被视为"随机鹦鹉"，因为我们在生活中也会从不同的场景和经验中吸收随机信息，以此来形成我们的思维和行为方式。但是，与大语言模型不同的是，人类的思考和行为会受到各种因素的影响，例如遗传、环境、文化等。

在人类与 AI 的比较中，我们应该更注重强调人类的独特性和多样性。虽然大语言模型可以产生与人类语言非常相似的输出，但我们应该承认人类的思维和情感体验是无法被简单地模拟或复制的。每个人身上都有优点和缺点，每个人都有属于自己的经历和故事，而这是 AI 没有的。AI 可以读遍世界上所有的图书，可以学会世界上所有的代码，可以阅遍世间名画，但是没有办法产生自己的情感和记忆。

从这个角度来看，人类的本质远不止于"随机鹦鹉"，因为我们有着自己的个性、价值观和道德标准。人类的思维和行为不仅会受到外界的随机信息和各种因素的影响，也会受到我们自身内在的驱动力和意愿的影响。我们可以选择自己的思维和行为方式，并对自己的决策负责。这是 AI 所没有的自由意志和责任感。人类的思维和行为是复杂而多样的，不仅受到各种因素的影响，还有着独特的创造性和想象力，我们可以通过自己的思考和创造来改变和塑造世界，这同样是 AI 无法实现的。人类有自己的目标和价值观念，可以为了更高的理想而不断奋斗，这种追求和自我超越的精神也是 AI 所没有的。

当然，人类也有自己的局限性和缺陷，例如偏见、主观性、情绪化、贪嗔痴慢疑等。但正是这些局限性和缺陷，让我们更加接近真实的人性，也让我们不断努力探索和完善自己。

因此，把 AI 放在人类的对立面，本身就是一种物化人类的行为。人类和 AI 并不是单纯的对立关系，而是可以相互补充和相互提升的关系。AI 可以帮助我们处理大量信息和数据，加快决策和创新的速度；而人类则可以利用自己的智慧和创造力来引领和塑造未来的发展方向。只有在这样的相互合作和进化中，我们才能更好地迎接未来的挑战和机遇。

14.2 AlphaGo 之后人类棋手的水平提升

AI 帮助人类进化，并不是空穴来风。AlphaGo 对人类棋手的水平提升，就是一个很好的参考。

AlphaGo 是一款由 DeepMind 开发的人工智能围棋程序，它在 2016 年击败了韩国职业棋手李世石，引起了全球范围内的轰动。这场比赛不仅仅是一场机器与人的比赛，更是人工智能技术在围棋领域的巨大飞跃。然而，AlphaGo 的出现对人类棋手的影响又是什么呢？

从某种意义上来说，AlphaGo 的胜利对人类棋手是一种启示。人工智能程序的胜利表明了计算机在某些领域已经具备超越人类的能力。然而，这并不意味着人类棋手的天赋和技能已经被淘汰。事实上，AlphaGo 的胜利促进了人类棋手的水平提高。

首先，AlphaGo 的胜利使得围棋在全球范围内获得了更多的关注和认知。人们开始更加热衷于学习和探索围棋，这导致了更多人开始参与围棋比赛并不断提高水平。因此，AlphaGo 的胜利可以说是推动了围棋文化的普及和发展。

其次，AlphaGo 的出现促进了人类棋手的进步。AlphaGo 以其强大的计算能力和深度学习算法在围棋领域卓有成效，但它并不是一名职业棋手。AlphaGo 是一种工具，并不智能。因此，人类棋手可以通过学习 AlphaGo 的技术和思路，不断提高自己的棋艺水平。在过去的几年中，职业棋手们已经开始使用类似于 AlphaGo 的深度学习算法来提高自己的水平，从而创造出更加精彩的围棋战局。

最后，AlphaGo 的胜利激发了人们对围棋领域的研究。在 AlphaGo 之后，出现了更多的人工智能围棋程序，并且它们的实力也越来越强大。人们开始探索如何使用人工智能技术来更好地解决围棋领域的问题，并且在这个过程中，人类棋手也在不断地提高自己的技能和水平。

从今天来看，AlphaGo 的胜利对人类棋手的影响是积极的，它既促进了围棋文化的发展，又促进了人类棋手的技能和水平的提高。虽然 AlphaGo 的出现给人类棋手带来了一定的冲击，但是它也为人类棋手提供了一个新的学习和提高的方向。随着人工智能技术的不断发展和围棋领域的深入研究，人类棋手的水平会不断提高，围棋也会在更广泛的范围内得到推广和普及。

那么，我们也可以相信主动拥抱 AI，并不只是单方面地让更多人失业。相反，随着 AI 在各行各业的普及，在提高生产力的同时，人类文明也会以前所未有的速度进化。这种进化不仅表现在技术的飞速发展上，还表现在人们的思维和行为方式的改变上。AI 技术的应用不仅可以解决许多传统难题，也可以带来许多新的挑战和机会。正如 AlphaGo 一样，它的出现虽然让人类棋手面临挑战，但也提供了一种新的学习和提高的途径。未来，随着人工智能技术的不断推进，我们有理由相信 AI 将会在各个领域带来更多创新和变革，同时也会催生更多的机会和发展空间。因此，主动拥抱 AI 并不仅是跟上时代的必然选择，也是开启未来发展的关键一步。

14.3 主动拥抱 AGI 的新变化

主动拥抱 AGI 的新变化，对于很多人来说，并不是一件容易的事情。对于大多数人来说，打破自己的舒适圈去学习各种 AI 工具，其实是很难的。然而，随着人工智能技术的发展和普及，我们正面临着一个前所未有的机遇。人工智能已经开始在许多行业和领域中扮演着越来越重要的角色，对于那些能够掌握这些工具的人来说，这意味着巨大的机会和潜在的财富。这就像当所有人都在用笔写字，你会用 Word、PowerPoint、Excel 时，你的效率就比别人高。当所有人都熟练了 Office 三件套，你会用 Python、SQL、Tableau 时，你的效率还是会比别人高。而现在，当大部分人还对 AI 工具感到陌生，你已经能够熟练掌握这些工具时，那么你就比别人有更大的优势。我们需要清醒地认识到，AI 工具不会替代人类，而是会帮助我们更好地完成各种任务。然而，如果我们不去学习和掌握这些工具，就很有可能被那些能够熟练掌握 AI 工具的人所取代。因此，主动拥抱 AGI 的新变化并掌握这些工具是我们在这个时代必须要做的事情。

在互联网如此发达的今天，掌握 AI 工具的技能并不是一件特别困难的事情。事实上，网络上有大量 AI 工具的教程，现在市面上已经有很多 AI 工具的教育和培训机构提供了丰富的课程和资源，任何人都可以通过在线学习来掌握这些技能。如果你能够抽出一些时间和精力来学习和实践，相信你也可以成为掌握 AI 工具的高手。

从一个更长远的角度来看，主动拥抱 AGI 的新变化，不仅仅意味着学习各种 AI 工具，更重要的是拥有一种开放的思维方式。这种思维方式可以让人们更好地适应快速变化的市场和社会环境，也可以帮助人们更好地理解和应用 AI 技术。同时，这种思维方式需要我们放弃固有的思维模式和一些陈旧的观念，以开放的心态去探索和学习新的知识。我们不仅要关注眼前的问题和挑战，而且要思考未来的趋势和发展方向。提前预判五年后甚至十年后我们会怎样工作、学习和生活，是我们每个人都需要思考的问题。

14.4　AIGC 对工作、学习和生活的冲击

AIGC 会对我们的工作、学习和生活带来冲击，已经成为整个社会的共识。如果说 AI 画图只是影响了设计、艺术创作领域的从业者，那么 ChatGPT 则是让所有知识密集型行业的从业者都感受到了前所未有的压力。

首先在工作方面，我们会越来越习惯于通过 Prompt 让 AI 去帮我们做事情，而不是我们自己上手做事情。这将大大提高工作的效率，同时也会带来一些挑战。随着像 ChatGPT 这样的大型语言模型技术的发展，越来越多的职业将被自动化，中低技能工作将面临消失的风险。OpenAI 在 GPT-4 推出后迅速发布了一份关于大型语言模型潜在影响的报告——"GPTs are GPTs: An early look at the labor market impact potential of large language models"。该报告将大型语言模型直接称为通用目的技术（General Purpose Technologies，GPTs），即能够在时间上持续改进、在经济中广泛

存在并且能够产生相关创新的技术。毫无疑问，随着时间的推移，GPT 技术将不断改进，从而满足第一个标准。受到大型语言模型影响最大的职业包括报税员、口译员和笔译员、调查研究人员、校对和抄写员以及作家等。此外，数学家、量化金融分析师、网络和数字界面设计师也容易受到大型语言模型的冲击。

笔者在与很多国外的老板交流时得到的普遍反馈就是，第一，他们对 AI 技术的发展很震惊，第二，他们要求底下的员工一定要学会使用 ChatGPT 这些工具，第三，他们普遍希望可以通过 ChatGPT 降本增效。而这带来的一个最直接的冲击就是，未来几年，全球会出现大规模的失业。而且，这种失业是不可逆的。所以，我们每个人其实都要有一种危机意识，需要思考这样一个问题：如果 AI 把技术性的问题都解决了，那么我们的核心竞争力到底是什么？

除了对就业市场的冲击，AI 技术的发展也将对我们的学习方式产生深远的影响。随着 AI 技术的不断进步，学习将变得更加个性化、高效和智能化。未来，我们将会看到许多在线学习平台使用 ChatGPT 等技术来定制学习计划、推荐学习材料、完成智能评估和反馈。AI 技术还可以帮助学生更好地掌握知识点和技能，从而提高学习效率。在很多场景里面，ChatGPT 之类的大型语言模型，能够扮演二十四小时在线的老师这样一个角色，而且基本上从语文、英语到代码编程，都可以为学生答疑解惑。从某种角度上看，它其实在一定程度上把教育资源的不平衡抹平了。ChatGPT 可以帮助一个山区的小孩和一个大城市的小孩获得类似的教育资源。过去我们习惯的填鸭式教育或者题海战术，在有了 ChatGPT 之后，基本上就失效了。因为大量不需要创意的智力型工作都会被 ChatGPT 所替代。AI 时代，更需要大家的想象力、逻辑思考能力和语言表达能力，这就会倒逼我们的整个教育体系，更加注重培养大家的想象力、逻辑思考能力和语言表达能力。对于学生会不会滥用 AI 工具，比如直接用 AI 工具写作业，抄袭 AI 生成的答案，这

些是我们需要思考的问题。我们能不能有效地在教育场景中利用
AI 工具，能不能及时调整我们的教育体系，以及如何去看待这些
AI 工具可能给学校带来的冲击，如何引导学生正确使用 AI 工具，
也都是大家需要思考的问题。

最后，AI 还会慢慢参与到我们的日常生活中来。新加坡很多
小孩的家长已经开始用 ChatGPT 帮助他们辅导孩子的功课了。以
往，对于很多中国移民父母来说，辅导孩子英语功课是一件心有
余而力不足的事情。大部分新移民阅读能力虽好，但是口语和写作
能力远远不如以英语为母语的本地人。但是，自从有了 ChatGPT，
他们可以在几分钟内指导小孩写出达到母语水平甚至远超母语水平
的英语文章。这实际上帮助很多父母节省了大量时间。当然，这只
是 AI 对我们生活影响的一个缩影。未来，AI 甚至会成为我们的个
人助手，很多事情都可以交给 AI 打理。网上已经有人把 ChatGPT
和滴滴打车和美团外卖连接到一起，通过简单的文本输入，就可
以帮忙订车、送餐，我们甚至不需要打开 App，只需要输入一个
Prompt，剩下的事情都可以交由 AI 完成。在医疗领域，新一代 AI
大模型也会参与到医生和护士的工作流程中，帮忙解决看病难的问
题。例如，很多医疗影像的解读或者常见疾病的问诊，都会由医疗
领域的大模型来解决，医生只需最后把关。

如果越来越多的工作都可以外包给 AI，越来越多的专业知识
不再是壁垒，甚至 AI 越来越多地参与到我们的日常生活中，我们
不禁想问，人类的核心价值是什么呢？

14.5　AI 时代人的核心价值

笔者认为，随着 AI 不断进化，它能够帮助我们完成越来越多
之前我们认为 AI 做不到的事情。人类的进化其实是一个漫长的过
程，而 AI 的进化则是瞬息万变的。从 AI 画图刚刚出圈，到现在
也不过一年的光景，我们惊讶地发现 AI 画图水平已经有了质的飞

跃。从一开始需要花费很长时间才能画出一幅平庸之作，到现在几秒就能精准地画出一幅令人惊艳的画作。同样的，AI 的写作和聊天能力也在过去一年内迅速提升，从只能写出稚嫩的文字，到现在可以创作出与人类写作相媲美的作品，从让人哭笑不得答非所问，到现在能够流畅地进行交流。所谓一叶知秋，我们有理由相信，在五到十年内，很多原本专业要求极高的工作都可以通过 AI 来辅助完成。

那么人类的核心价值是什么呢？笔者认为 AI 时代人的核心价值有三个。第一，人是 AI 生成内容的评价标准。第二，人为 AI 工具提供创意源头。第三，人是 AI 无法取代的情感交流和人际互动的主体。

首先，随着 AI 的进化，它能够生成越来越多的内容，包括文章、音乐、图片等。但是，AI 生成的内容是否符合人类的审美和品味，是否与场景适配，还需要人来进行评价和选择。人类可以用自己的知识、经验和判断力来判断 AI 生成的内容的准确性、质量和可用性。例如，在医学领域，虽然 AI 可以生成一些诊断结果，但最终还是需要医生来评估结果的可信度和有效性。另外，AI 工具存在被人滥用或者用于违法犯罪的风险，有人会用 AI 工具生成假新闻，有人会用 AI 工具生成假视频。所以未来人类需要对海量 AI 生成的内容进行甄别和审查。独立思考能力和判断能力会越来越重要，每个人都要做防止 AI 工具被滥用的"守门员"。因此，在 AI 时代，随着 AI 生成内容的能力逐渐提高，人类将逐渐转变为内容的评价者，对 AI 生成的内容的质量和价值进行评判。相应地，人类可以通过对内容的判断和选择，来指导 AI 进一步提高生成内容的质量。

其次，人类作为创意的源头，在 AI 时代的价值非常重要。虽然 AI 能够模拟和生成大量的内容，但是它仍然需要人类的灵感和创造力来提供新的思路和方向。人类的想象力是无限的，而 AI 仅能在已有的数据集范围内运作，因此人类的创意和想象力也是 AI

无法取代的。例如，在艺术领域，AI 可以生成一些优美的图像，但是真正的艺术作品还需要人类的创意、灵感和情感来实现和表达。AI 可以提供数据和分析，但是创意广告需要人类的创造力和想象力，例如可口可乐的"Share a Coke"广告活动。AI 可以写出一些简单的文章，但是优秀的文学作品需要作者的个性和文学才华，例如村上春树的小说《挪威的森林》。AI 可以创作一些简单的音乐，但是真正的音乐作品需要音乐家的创意和才华，例如贝多芬的交响曲。人类在思考问题、解决难题和构思新点子的能力上，仍然比 AI 更加优秀。因此，人类可以为 AI 提供灵感和创意，让 AI 有更加广阔的创造空间。

最后，人类在情感交流和人际互动方面具有独特的能力。虽然 AI 在聊天和语音识别方面的表现已经非常出色，但是 AI 无法替代人类在情感交流和人际互动方面的能力。人类可以通过语言、表情和身体语言等多种方式进行情感交流和人际互动，而这些都是 AI 无法完全模拟的。例如，在心理治疗领域，虽然 AI 可以提供一些基础的心理咨询服务，但是最终还是需要人类的情感支持和人际互动来帮助患者恢复健康。人类具有同理心和共情能力，AI 没有，每个人都有脆弱的时候，一个温暖的拥抱，胜过千言万语。人类之间的情感交流和互动非常复杂和丰富，需要大量的语言和非语言交流，而这正是 AI 无法达到的地方。人类的情感和互动是人类社会的基石，也是 AI 无法取代的部分。

综上所述，在 AI 时代，人类将逐渐转变为内容的评价者、创意的源头和情感交流和人际互动的主体。AI 的发展给我们带来了很多机遇和挑战，人类需要不断提高自己的能力和素质，以应对未来的变化和挑战。同时，人类也需要谨慎使用 AI 工具，发挥人类的智慧和判断力，来引导 AI 向着更加有益于人类的方向发展。值得注意的是，在过去几百万年，人类作为一种物种是独立进化的，而现在是人和 AI 一起进化，人 +AI 的组合，实际上让我们每个人都进化成了超级个体。

14.6 超级个体：人 +AI

笔者在多年前读过一本书，叫作《与机器赛跑》。书里讨论了一个现象：数字技术正在快速地掌握原本只属于人类的技能，并深刻地影响了经济。虽然大多数影响是积极的，如数字革新将提高效率、降低商品价格（甚至免费），以及增加经济总量，但正如科技的快速发展所带来的变革一样，处于中层的工作者将会受到一定的影响。随着技术的不断进步，越来越多的人将被甩在后面。当计算机掌握了人类所掌握的技能之后，人类的工作机会将会越来越少，薪酬和前景也将进一步缩减和暗淡。创新的商业模式、新型的组织结构和其他机构都需要保证员工的平均水平不能落后于迅速发展的机器。

而今天的 AI 其实也延续了这种趋势和变革。如今的 AI 技术正在以惊人的速度发展，掌握了越来越多的技能，包括语言理解、图像识别、自然语言处理等。这些发展将会彻底改变我们的生活方式和经济结构，让我们看到了前所未有的机遇。就像书里所描述的人 + 机器大于人，今天我们其实应该看到人 +AI 的能力是远大于人或 AI 单独作战的能力的。

在 AI 的加持下，我们每个人实际上都可以成为在各项技能达到精英水准的超级个体。以往，艺术家和程序员往往没有什么交集，但今天一个艺术家可以借助 Prompt 让 ChatGPT 帮他构建一个个人网站来展示自己的作品，而程序员也可以借助 Prompt 来进行艺术创作。一个营销人员在市场营销方向积累了大量 Prompt 的经验，他也可以在作曲方面发挥自己的特长。每个人都是超级个体，每个人都是跨界选手，每个人都可以迸发出无比巨大的能量。百花齐放，百家争鸣，人类历史上从未有过如此巨大的生产力革命。

这样的超级个体不仅仅是在个人层面上的变革，还将对整个经济和社会结构产生深远的影响。AI 的发展为新的产业和工作机会带来了无限的可能性。未来，许多工作将需要人类和 AI 结合完成。例如，在医疗行业中，医生可以利用 AI 分析大量的病历和医学文献，以提供更加准确和高效的诊断和治疗方案；在制造业中，机器人和自动化系统可以完成重复性的工作，而人类则可以专注于更复杂的任务，如调试和维护。此外，超级个体也将有助于加速科学和技术的进步。科学家和工程师可以利用 AI 分析和处理大量的数据，以发现新的规律和趋势。而艺术家和设计师则可以利用 AI 生成创造性的想法和设计，以推动创意产业的发展。

最重要的是，超级个体的出现将使得每个人都有机会参与到经济和社会生活中，这将有助于实现更加公平和包容的社会。人类无数次畅想过超人到底是什么样的，不管是影视作品里的超级英雄，还是漫画作品的超级赛亚人，这些想象中的超级个体的力量和能力都超出了人类正常的范围，但现实中的超级个体则可能具有更加现实的意义。AI 能够帮助我们更加公平地获得教育资源和生产工具，使得社会更加公平和包容，让更多人有机会实现自己的梦想和抱负。

一个平等的世界，一个生产力极大提升的世界，一个想象力和创意为主导的世界，就像迈克尔·杰克逊所说，让我们一起，让这个世界变得更好！

Appendix 附录

Prompt 大全

程序开发

原型制作

❑ 基于以下需求生成概念验证［编程语言］[⊖] 代码：［项目理念或功能］和［需求描述］。

❑ 创建一个功能性原型［Web/ 移动］应用程序，展示［特定功能或用户流程］。

❑ 根据以下需求开发最小可行性产品（MVP）：［产品或服务］和［规格描述］。

❑ 使用［编程语言或技术］实现一个简单的［系统或过程］模拟或模型。

❑ 创建一个路演原型系统，展示［工具或功能］的潜在优势和使用场景。

⊖ 中括号 "［］" 中的内容是需要读者根据自己的实际需求进行替换的内容。——编辑注

协同编码

❑ 为以下［编程语言］代码组织［项目成员1］和［项目成员2］之间的代码审查会议:［代码片段］。

❑ 在［项目成员1］和［项目成员2］之间设置一对一编程会话,以实现［特定功能或其他功能］。

❑ 组织一个头脑风暴会议,为开发团队面临的［问题或挑战］生成解决方案。

❑ 帮助在［项目成员1］和［项目成员2］之间建立一个沟通渠道,以讨论和解决［技术问题或其他问题］。

❑ 帮助协调［项目成员1］的工作和［项目成员2］的工作之间的代码合并或集成。

代码生成

❑ 关于［名称］的［类/模块/组件］,生成［编程语言］的样板代码,具有［功能描述］的功能。

❑ 定义一个［编程语言］的函数,用来对［数据结构］执行［操作］,其中［数据结构］有以下输入:［入参］,预期输出为:［输出描述］。

❑ 为［domain］应用生成一个［编程语言］的类,包含［方法列表］方法和［属性列表］属性。

❑ 根据［设计模式］,为［用户故事］创建一个［编程语言］的代码段,演示其实现。

❑ 编写一个［编程语言］的脚本,使用［库/框架］来执行［任务］,要求如下:［要求列表］。

代码补全

❑ 在［编程语言］当中,编写以下代码段,利用［values］初始化一个［数据结构］:［代码段］。

❑ 设计一个［编程语言］的函数,根据以下输入参数计算出［期望输出］:［函数定义］。

❑ 完成［编程语言］的代码，调用［API endpoint］API，使用［参数］来处理响应：［代码段］。

❑ 填入缺失的［编程语言］代码，为以下功能实现错误处理：［代码段］。

❑ 完成以下［编程语言］的循环，遍历［数据结构］并执行［操作］：［代码段］。

错误检测

❑ 在下列［编程语言］代码段里寻找潜在错误：［代码段］。

❑ 分析给定的［编程语言］代码，并提出改进以防止［错误类型］：［代码片段］。

❑ 在以下［编程语言］代码中找出内存泄漏，并提出解决方案：［代码片段］。

❑ 检查给定［编程语言］代码中是否存在竞争状态或并发问题：［代码片段］。

❑ 审查以下［编程语言］代码是否存在安全漏洞：［代码片段］。

代码审查

❑ 审查以下［编程语言］代码是否最优并提出改进建议：［代码片段］。

❑ 分析给定的［编程语言］代码以遵循［代码风格指南］：［代码片段］。

❑ 检查以下［编程语言］代码的错误处理并提出改进：［代码片段］。

❑ 评估给定［编程语言］代码的模块化和可维护性：［代码片段］。

❑ 评估以下［编程语言］代码的性能并提供优化建议：［代码片段］。

自然语言处理

❑ 分析以下文本的情感倾向：［文本示例］。

❏ 提取文本中的实体：[文本示例]。

❏ 用[格式、字数]总结以下文章 / 文档：[URL 或文本样本]。

❏ 给以下文章起一个题目：[文本示例]。

❏ 对以下文本提取[数量]个关键词：[文本示例]。

API 文档生成

❏ 针对以下[编程语言]代码生成详细的 API 参考手册：[代码片段]。手册应包含：API 概览，包括所有类、方法和参数；API 参考，每个类 / 方法的详细说明、使用示例和参数解释；常见错误解析。

❏ 为给定的[编程语言]类编写简明准确的 API 说明文档：[代码片段]。

❏ 为以下[编程语言]API 编写详尽的使用手册：[代码片段]。

❏ 制作给定[编程语言]函数输入与输出的详细说明文档：[代码片段]。

❏ 使用以下[编程语言]库生成快速入门指南：[代码片段]。

查询优化

❏ 优化以下 SQL 查询以获得更好的性能，查询涉及表 A（1000 万行）和表 B（2000 万行）：[SQL 语句]。

❏ 分析给定的 SQL 查询以发现潜在的瓶颈，查询需要在表 A（主键 ID，昵称，国家）上进行多表连接：[SQL 语句]。

❏ 为以下 SQL 查询建议索引策略，查询在表 C（标题，内容，标签）上进行全文检索：[SQL 语句]。

❏ 重写以下 SQL 查询，使用 JOIN 替代子查询以提高性能，原查询涉及 4 个关联子查询：[SQL 语句]。

❏ 优化以下 NoSQL 查询以获得更好的性能和资源使用，查询在一个包含 2 亿文档的集合上进行匹配过滤：[NoSQL 语句]。

❏ 确定给定数据库模式（包括表 A、B、C，表 A 和表 B 为事实表，表 C 为维度表）中可能影响查询性能的任何低效问题：[表结构语句]。

❏ 为以下大规模数据库查询建议分区或分片策略，查询需要在 50 个数据集上进行聚合：[SQL 或 NoSQL 语句]。

❏ 比较使用不同数据库引擎（例如 MySQL、PostgreSQL、Oracle）执行给定 SQL 查询的性能，查询涉及使用窗口函数进行行列转换：[SQL 语句]。

聊天机器人和对话式 AI

❏ 开发客户支持聊天机器人的对话流程以解决[问题或咨询类型]。

❏ 构建一个聊天机器人互动，以根据用户的偏好和需求推荐[产品或服务]。

❏ 设计一个聊天机器人的对话脚本来引导用户完成[上手流程或功能设置]。

❏ 打造一个能解答[主题或领域]常见问题的聊天机器人。

❏ 为聊天机器人构建一个自然语言接口，允许用户通过语音指令或文本输入进行[特定任务或操作]。

用户界面设计

❏ 为专注于[用户目标或任务]的[Web/移动]应用生成 UI 模型。

❏ 优化[App 或网站]现有的用户界面以增强[可用性、可访问性或美学]。

❏ 为[Web/移动]应用设计一个响应式用户界面以适应不同的屏幕尺寸和方向。

❏ 为[Web/移动]应用创建一个简化用户工作流程的线框图，针对[特定用例]。

❏ 为[Web/移动]应用设计一个遵循[设计系统或样式指南]的 UI 组件库。

自动化测试

❑ 根据输入参数和期望输出为以下［编程语言］函数生成测试用例：［函数签名］。

❑ 为给定的［编程语言］代码创建一个测试脚本以覆盖［单元/集成/系统］测试：［代码片段］。

❑ 为以下［编程语言］函数生成测试数据以测试各种边界情况：［函数签名］。

❑ 为［Web/移动］应用设计一个包括［单元、集成、系统或性能］测试的测试策略。

❑ 为［编程语言］API 编写一个测试套件以验证不同条件下的功能和性能。

代码重构

❑ 为以下［编程语言］代码提出重构改进建议，以提高可读性和可维护性：［代码片段］。

❑ 确定在给定的［编程语言］代码中应用［设计模式］的机会：［代码片段］。

❑ 优化以下［编程语言］代码以获得更好的性能：［代码片段］。

❑ 重构给定的［编程语言］代码以提高其模块化和可重用性：［代码片段］。

❑ 提议更改给定的［编程语言］代码以遵循［编码风格或最佳实践］：［代码片段］。

算法开发

❑ 提出一个算法来解决以下问题：［问题描述］，使得算法的空间复杂度和时间复杂度均达到最优水平。在需要权衡复杂度的时候，优先考虑时间复杂度。

❑ 提高给定算法在［特定用例］下的运行效率：［算法或伪代码］。

❑ 设计一个可以处理［大规模数据或高吞吐量］的［特定任

务或操作］的算法。

❏ 给出以下算法的分布式版本：［算法或伪代码］。

❏ 分析算法的时间和空间复杂度，并判断能否进一步优化：
［算法或伪代码］。

代码转换

❏ 将以下［源语言］代码转换为［目标语言］：［代码片段］。

❏ 将给定的［源语言］类或模块转换为［目标语言］，同时保
留其功能和结构：［代码片段］。

❏ 将以下使用［库或框架］的［源语言］代码迁移到具有类
似库或框架的［目标语言］：［代码片段］。

❏ 用［目标语言］重写给定的［源语言］算法，使其具有等
效的性能特征：［算法或伪代码］。

❏ 将以下［源语言］代码片段调整为［目标语言］，同时遵循
［目标语言的最佳实践］：［代码片段］。

❏ 将处理［特定任务或操作］的给定［源语言］函数转换为
［目标语言］函数：［代码片段］。

代码分析

❏ 分析给定的代码库，识别所有的依赖项并分析是否存在冲
突：［仓库 URL 或代码库描述］。

❏ 生成以下代码库的复杂性和可维护性报告：［仓库 URL 或
代码库描述］。

❏ 识别给定代码库的开发历史中的趋势或模式：［仓库 URL
或代码库描述］。

❏ 分析代码库，提出重要的潜在改进或重构区域：［仓库
URL 或代码库描述］。

❏ 生成给定代码库中使用的编码风格和约定的摘要：［仓库
URL 或代码库描述］。

设计模式建议

❏ 根据给定的［编程语言］代码，推荐适合的设计模式以改进其结构：［代码片段］。

❏ 在以下［编程语言］代码库中识别应用［设计模式］的机会：［仓库 URL 或代码库描述］。

❏ 为给定的［编程语言］代码建议一种可提供额外好处的替代设计模式：［代码片段］。

❏ 解释如何在给定的［编程语言］代码中应用［设计模式］以解决［特定问题或挑战］：［代码片段］。

❏ 比较在给定的［编程语言］代码背景下使用［设计模式 1］与［设计模式 2］的优缺点：［代码片段］。

❏ 为以下场景提供在［编程语言］中实现［设计模式］的示例：［场景列表］。

❏ 建议一种设计模式，以优化处理［特定任务或操作］的给定［编程语言］代码的性能：［代码片段］。

❏ 评估［设计模式］在解决给定［编程语言］代码的特定需求或约束方面的有效性：［代码片段］。

❏ 提议一组设计模式的组合，可用于增强给定［编程语言］代码的架构和功能：［代码片段］。

性能优化

❏ 识别给定［编程语言］代码中的性能瓶颈并给出优化建议：［代码片段］。

❏ 提议更改给定［编程语言］代码以改善其内存使用情况：［代码片段］。

❏ 建议将以下［编程语言］代码并行化或分布化以提高性能的方法：［代码片段］。

❏ 使用不同的优化技术或库比较给定［编程语言］代码的性能：［代码片段］。

❏ 分析以下［编程语言］代码在不同环境或硬件配置下的性能：［代码片段］。

安全和隐私

❏ 评估给定［编程语言］代码的安全性并提出改进建议：［代码片段］。

❏ 识别以下［编程语言］代码中的潜在隐私风险，并推荐缓解策略：［代码片段］。

❏ 提议更改给定［编程语言］代码以提高其对常见安全威胁（例如 SQL 注入、XSS、CSRF）的抵抗力：［代码片段］。

❏ 分析给定［编程语言］代码在［特定行业标准或法规］背景下的安全性：［代码片段］。

❏ 使用加密或哈希算法以保护给定［编程语言］代码中的敏感数据：［代码片段］。

可访问性和包容性

❏ 评估给定［Web/ 移动］应用程序的可访问性，并根据 WCAG 指南提出改进建议：［App URL 或者项目描述］。

❏ 提议更改给定［Web/ 移动］应用程序以改善具有［特定残疾或障碍］用户的可用性：［App URL 或者项目描述］。

❏ 推荐使给定的［Web/ 移动］应用程序在内容、图像和语言方面更具包容性和多样性的方法：［App URL 或者项目描述］。

❏ 分析给定［Web/ 移动］应用程序在各种设备和屏幕尺寸上的可访问性：［App URL 或者项目描述］。

❏ 推荐有助于提高给定［Web/ 移动］应用程序的可访问性和包容性的工具或库：［App URL 或者项目描述］。

DevOps 和 CI/CD

❏ 根据给定［编程语言］项目的需求和限制设计一个 CI/CD

流水线：［项目描述］。

❑ 提出一个策略，将给定［编程语言］应用程序自动部署到
［云提供商或环境］：［应用描述］。

❑ 建议提高给定［编程语言］项目的构建和部署过程的效率
的方法：［项目描述］。

❑ 比较不同容器化技术（如 Docker、Kubernetes、Podman）
在给定［编程语言］项目中的优缺点：［项目描述］。

❑ 确定使用云原生技术优化给定［编程语言］项目基础设施
和资源使用的机会：［项目描述］。

远程工作和协作

❑ 建议［编程语言］开发团队远程协作的工具和最佳实践。

❑ 提议改善在［编程语言］项目中分布式团队成员之间的沟
通和协调的策略。

❑ 为远程［编程语言］开发团队管理和优先处理任务的工作
流程提供建议。

❑ 提议在长期项目中维护远程［编程语言］开发人员团队士
气和动力的方法。

❑ 分享组织和推动［编程语言］开发团队进行有效远程会议
的技巧。

❑ 提出远程配对编程和分布式［编程语言］开发人员代码审
查会议的技术。

开源贡献

❑ 为具有［特定技能或兴趣］的开发人员确定合适的开源［编
程语言］项目。

❑ 推荐以下［编程语言］开源项目中符合我的技能的公开问
题或功能请求：［仓库 URL 或项目描述］。

❑ 向［编程语言］开源项目作出贡献的新手或经验不足的贡
献者推荐最佳实践。

- ❑ 提供关于浏览给定［编程语言］开源项目的代码库和开发过程的指导：［仓库 URL 或项目描述］。
- ❑ 说明如何为给定［编程语言］开源项目准备和提交拉取请求：［仓库 URL 或项目描述］。

技术文档

- ❑ 为以下［编程语言］代码编写 API 参考：［代码片段］。
- ❑ 为给定的［软件或工具］创建用户指南，涵盖安装、配置和基本用法。
- ❑ 为给定的［编程语言］代码编写全面的测试计划，包括测试用例和场景：［代码片段］。
- ❑ 开发一个 FAQ 部分，解答与给定［编程语言］项目或工具相关的常见问题。
- ❑ 提供关于给定［编程语言］项目或系统的架构和设计的清晰简洁的概述：［项目描述］。

API 设计和开发

- ❑ 为［类型的应用程序或服务］设计一个支持以下操作的 API：［操作列表］。
- ❑ 推荐符合最佳实践的 RESTful API 结构，适用于给定［编程语言］代码：［代码片段］。
- ❑ 建议改进以下 API 设计，以提高其可用性、性能或安全性：［API 描述］。
- ❑ 编写［编程语言］代码与以下 API 进行交互：［API 文档或参考］。
- ❑ 比较给定［编程语言］项目中不同的 API 认证和授权机制（例如 OAuth、JWT、API 密钥）：［项目描述］。

集成和交互性

- ❑ 推荐将给定的［API 文档或参考］代码与［外部系统或

API］集成的策略：［代码片段］。

❑ 确定以下系统或技术之间互操作性的潜在挑战和解决方案：
［系统或技术列表］。

❑ 推荐一个数据转换或映射解决方案，让给定的［编程语言］
代码与［外部数据源或格式］交互：［代码片段］。

❑ 推荐构建和维护与多个第三方服务或 API 集成的［编程语
言］代码库的最佳实践。

❑ 评估给定的［编程语言］代码与［特定技术或平台］交互
时的兼容性和性能：［代码片段］。

技术面试准备

❑ 建议［编程语言］编程练习或挑战，以便为技术面试做
准备。

❑ 分享在技术面试中如何解决［编程语言］编程问题的提示
和建议。

❑ 提供常见［编程语言］技术面试问题及其解决方案的示例。

❑ 进行模拟［编程语言］技术面试，包括问题解决、编码和
思维过程的解释。

❑ 评估并提供关于我在［编程语言］技术面试中的表现的反
馈，包括改进的领域和优势。

代码生成和脚手架

❑ 生成一个遵循最佳实践的［编程语言］代码模板，用于［类
型的应用程序或服务］：［应用或服务描述］。

❑ 为［类型的应用程序］创建一个包含必要配置文件和依赖
项的［编程语言］项目模板：［应用描述］。

❑ 为给定的［编程语言］建议一个代码脚手架工具或库，以
简化开发过程。

❑ 生成一个 CRUD（创建、读取、更新、删除）［编程语言］
代码，用于与［类型的数据库］交互的［类型的应用程序

或服务］：［应用或服务描述］。

❑ 提供一个［编程语言］代码片段，演示使用［库或框架］
构建［特定功能或功能］的方法：［库或框架名称］。

技术领导和指导

❑ 分享领导和管理［编程语言］开发团队的最佳实践。

❑ 建议指导和培训初级［编程语言］开发人员的策略，帮助
他们成长和成功。

❑ 提议在［编程语言］开发团队中创建持续学习和改进的文
化的技巧。

❑ 推荐在［编程语言］项目中平衡技术债务和功能开发的方法。

❑ 分享如何有效地将技术决策和权衡传达给非技术利益相关
者的建议。

代码可读性和风格

❑ 评估给定［编程语言］代码的可读性并提出改进建议：［代
码片段］。

❑ 为给定的［编程语言］代码提出一致的编码风格，符合最
佳实践：［代码片段］。

❑ 比较不同的［编程语言］代码格式化工具或 linter，并推荐
最适合给定项目的一个：［项目描述］。

❑ 建议重构给定［编程语言］代码的方法，使其更简洁和可
维护：［代码片段］。

❑ 分享如何编写干净、自述性［编程语言］代码的建议，使
其他人更容易理解和维护。

软件开发者的职业建议

❑ 推荐建立强大多样化的［编程语言］开发技能的策略。

❑ 分享如何创建一个有效且引人注目的软件开发者作品集的建议。

❑ 为［编程语言］开发者提供建立同行和潜在雇主联系的网
络机会或资源。

- ❑ 提供关于作为［编程语言］开发者谈判工作要约或晋升的技巧。
- ❑ 分享如何从其他技术角色转为［编程语言］开发角色的建议。

开发者生产力

- ❑ 推荐提高［编程语言］开发者生产力的工具和技术。
- ❑ 建议在进行［编程语言］开发任务期间最小化干扰并保持专注的方法。
- ❑ 分享在［编程语言］开发项目中有效管理和优先处理任务的策略。
- ❑ 提出估算和跟踪各种［编程语言］开发任务所需时间的技巧。
- ❑ 提供关于［编程语言］开发者如何平衡健康工作与生活的建议。

测试和质量保证

- ❑ 为给定的［编程语言］代码设计一个测试套件，涵盖各种测试场景和边缘情况：［代码片段］。
- ❑ 推荐编写和维护［编程语言］代码库单元测试的最佳实践。
- ❑ 建议在给定的［编程语言］项目中自动化回归测试的策略：［项目描述］。
- ❑ 比较不同的［编程语言］测试框架，并推荐最适合给定项目的框架：［项目描述］。
- ❑ 分享如何将持续测试和质量保证纳入［编程语言］项目开发过程的建议。

日常工作

个性化学习

- ❑ 根据我的当前技能水平：［初级 / 中级 / 高级］，列举一份学习［编程语言或技术］的资源列表。

❑ 考虑到我在［现有技能或经验］方面的背景，推荐一条学习［特定编程领域或技术］的路径。

❑ 给我建议一些项目或编程练习，提高我在［编程语言或技术］方面的技能。

❑ 给我推荐一些［编程语言或技术］中［特定主题或概念］的在线课程、教程或书。

❑ 根据以下［编程语言］代码：［代码片段］，给我提几条编码技能的改进建议。

技术写作

❑ 编写一篇关于如何使用［编程语言或技术］实现［特定功能或功能］的教程。

❑ 创建一个关于为［特定用例或环境］设置和配置［工具或软件］的分步指南。

❑ 为［编程语言或技术］项目草拟一个 README 文件，包括概述、安装说明和使用示例。

❑ 用［编程语言或技术］写一个关于［算法或概念］的清晰简洁的解释。

❑ 为使用［编程语言、库或框架］的常见问题及其解决方案创建一个故障排除指南。

需求分析

❑ 概述并解释以下项目需求，并提出高层次的架构或设计：［需求描述］。

❑ 分析项目需求的潜在风险或挑战：［需求描述］。

❑ 分析项目需求列表，按照优先级排序：［需求列表］。

❑ 分析项目需求，推荐一个合适的［编程语言、框架或技术］：［需求描述］。

❑ 评估实施以下项目需求所需的开发工作量、资源和时间排期：［需求描述］。

项目计划

❑ 评估以下需求的项目的时间表和重要的输出节点：[需求描述]。

❑ 分析项目描述，给出开发方法的建议（如敏捷）：[项目描述]。

❑ 为具有以下范围和需求的项目建议一个团队结构和角色：[项目描述]。

❑ 确定具有以下需求和约束的项目中的依赖关系和潜在瓶颈：[需求描述]。

❑ 为具有以下目标的项目制定一个包括任务、资源和时间表的高层次项目计划：[需求描述]。

问题跟踪与解决

❑ 自动对以下报告的问题列表进行分类和优先级排序．[问题列表]。

❑ 为以下报告的问题提供潜在解决方案：[问题描述]。

❑ 确定给定问题的根本原因，并提出防止其再次发生的步骤：[问题描述]。

❑ 估算解决以下问题所需的工作量及其对项目时间表的影响：[问题描述]。

❑ 在开发永久性解决方案时，为以下关键问题提供一个替代方案或临时解决方案：[问题描述]。

代码可视化

❑ 为以下[编程语言]代码生成 UML 图：[代码片段]。

❑ 创建一个流程图或视觉表示，表示给定的[编程语言]算法：[算法和伪代码]。

❑ 可视化以下[编程语言]代码的调用图或依赖关系：[代码片段]。

❑ 为给定的[编程语言]代码生成数据流图，演示数据处理过程：[代码片段]。

❑ 创建一个交互式可视化，展示以下[编程语言]代码的运行时行为或性能：[代码片段]。

数据可视化

❑ 使用[代码语言]生成数据的条形图：[数据或数据集描述]。

❑ 创建一个折线图，可视化以下时序数据的趋势：[数据或数据集描述]。

❑ 设计一个热力图，表示以下变量之间的相关性：[变量列表]。

❑ 使用直方图或箱形图可视化以下数据集的分布：[数据或数据集描述]。

❑ 生成一个散点图，展示以下两个变量之间的关系：[变量 1]和[变量 2]。

学习新语言

❑ 学习新语言用于商业目的的最有效方法是什么？

❑ 您可以推荐一些在线学习[语言]的免费资源吗？

❑ 学习[语言]需要多长时间，最好的信息保留方法是什么？

❑ 与母语为[语言]的人练习会话的一些技巧是什么？

❑ 学习新语言时应避免的一些常见陷阱是什么？

提高写作技巧

❑ 如何提高写作的清晰度和简洁性？

❑ 制作引人注目的标题并吸引读者注意力的一些建议是什么？

❑ 您能否提供反馈，指出我的写作样本需要改进的地方？

❑ 如何发展自己的写作风格和语音？

❑ 写作时应注意的一些常见语法和句法错误是什么？

提高沟通技巧

❑ 虚拟团队的有效沟通策略是什么?

❑ 您可以为与难缠的同事或客户沟通提供一些建议吗?

❑ 将复杂信息传达给非技术受众的一些方法是什么?

❑ 如何提高积极倾听技巧?

❑ 建立与同事的亲和力和信任的一些方法是什么?

建立信心

❑ 克服冒名顶替综合症,提高自信的一些方法是什么?

❑ 您可以提供一些增强自尊和自我价值的练习吗?

❑ 如何在肢体语言和语调中展现更多的自信?

❑ 破坏自信的一些常见信念或行为是什么,如何避免它们?

❑ 如何将自己的错误或失败转化为学习机会,并因此变得更
加自信?

提高演讲技巧

❑ 如何克服公共演讲的恐惧并进行有效的演讲?

❑ 您可以提供一些提示,帮助我吸引听众并在演讲过程中保
持他们的注意力吗?

❑ 如何运用叙事技巧使我的演讲更有影响力?

❑ 如何发展自己的演讲风格?

❑ 在演讲过程中应避免的常见错误是什么?

提高语法和句法

❑ 写作时应注意的一些常见语法和句法错误是什么?

❑ 您能否提供一些练习或资源,帮助我提高语法和句法
技巧?

❑ 如何更有效地识别和纠正我的写作错误?

❑ 写作时应避免的一些常见标点符号错误是什么?

❑ 如何提高我的句子结构和表达清晰度?

写更好的电子邮件

❑ 如何撰写更有效的电子邮件，清晰明了地表达我的意思？
❑ 您可以提供良好的电子邮件礼仪和最佳实践的示例吗？
❑ 如何使用电子邮件建立与同事和客户的关系并保持联系？
❑ 写电子邮件时应避免的一些常见错误是什么？
❑ 如何确保我的电子邮件在不同的环境中是专业且恰当的？

编写更有吸引力的故事

❑ 如何编写引人入胜且难忘的故事？
❑ 您可以提供一些提示，帮助我开发与读者共鸣的角色和情节吗？
❑ 如何使用叙事技巧更有效地传达我的信息？
❑ 写作故事时应避免的一些常见错误是什么？
❑ 如何让作家找到自己独特的写作风格？

提高创造力和想象力

❑ 一些刺激我的创造力和想象力的练习或技巧是什么？
❑ 如何克服创作障碍并更加一致地产生新的想法？
❑ 您可以提供在商业环境中创造性解决问题的示例吗？
❑ 如何将更多的创造力融入我的工作和日常生活中？
❑ 关于创造力的一些常见误解是什么，如何避免它们？

产生新的想法

❑ 一些产生新的想法和解决问题的方法是什么？
❑ 您可以提供一些从创造性思维中产生的创新企业和产品的例子吗？
❑ 如何评估新想法的可行性和潜在影响？
❑ 产生新的想法时可能遇到的一些常见障碍是什么，如何克服它们？
❑ 如何将他人融入产生新想法的过程中并利用不同的观点？

增强批判性思维能力

❏ 可以帮助我开发批判性思维技能的练习或资源是什么？
❏ 您可以提供在商业环境中应用批判性思维的示例吗？
❏ 如何更有效地评估论据和证据？
❏ 进行批判性思维时应注意的一些常见认知偏差是什么？
❏ 如何运用批判性思维更好地作出决策和解决问题？

培养解决问题的能力

❏ 一些系统性解决问题的框架或方法是什么？
❏ 您可以提供在商业环境中有效解决问题的示例吗？
❏ 如何识别问题的根本原因并提出解决方案？
❏ 解决问题时可能遇到的一些常见障碍是什么，如何克服它们？
❏ 如何将他人融入解决问题的过程中并利用不同的观点？

提高决策能力

❏ 一些制定更明智和有效决策的策略是什么？
❏ 您可以提供不同行业或环境中决策过程的例子吗？
❏ 如何更有效地权衡不同选项的优缺点？
❏ 在作出决策时可能遇到的一些常见认知偏差是什么？
❏ 如何将他人融入决策过程中并利用不同的观点？

增强记忆和回忆

❏ 一些提高记忆和回忆能力的技巧或练习是什么？
❏ 您可以提供记忆技能在商业环境中的应用示例吗？
❏ 在学习新材料时如何更有效地保留信息？
❏ 记忆和回忆时可能遇到的一些常见障碍是什么，如何克服它们？
❏ 如何将记忆技巧融入日常生活中以提高生产力和效率？

提高时间管理技能

❏ 一些管理时间更有效的策略是什么？

❏ 您可以提供帮助我掌握组织的时间管理工具或技巧的例子吗？

❏ 如何确定任务和责任的优先级，以最大化生产力？

❏ 避免浪费时间的一些常见障碍是什么，如何将其最小化？

❏ 如何平衡工作、家庭和个人兴趣等对时间的竞争需求？

培养领导技能

❏ 什么是卓越领导者的一些特点，我该如何在自己身上培养
这些特点？

❏ 您能提供领导风格的例子，以及它们在不同情境下如何应
用吗？

❏ 我如何建立和维护与团队成员和同事之间的关系？

❏ 领导者面临哪些常见挑战，我应该如何应对它们？

❏ 我如何激励和鼓舞他人实现他们的目标？

提高情商

❏ 什么是情商，它在工作场所中为什么很重要？

❏ 您能提供商业环境下情商的应用例子吗？

❏ 我如何提高自己的情商技能，例如自我意识、移情和关系
管理？

❏ 有哪些关于情商的常见误解，我应该如何避免它们？

❏ 我如何利用情商在工作和个人生活中建立更强的关系和取
得更好的结果？

培养社交网络技能

❏ 有哪些建立和维护专业网络的策略？

❏ 您能提供商业环境下有效的社交网络互动例子吗？

❏ 我如何自信和目的明确地处理社交网络活动和互动？

❏ 有哪些关于社交网络的常见误解，我应该如何避免它们？

❑ 我如何利用我的网络实现我的职业和个人目标？

设定和实现目标

❑ 我如何设定符合自己个人和职业愿望的 SMART 目标？

❑ 您能提供商业环境下有效的目标设定例子吗？

❑ 我如何保持动力和责任心，实现自己的目标？

❑ 实现目标时会遇到哪些常见障碍，我应该如何克服它们？

❑ 我如何庆祝自己的成功并从失败中吸取经验？

培养成长型思维

❑ 什么是成长型思维，它与固定型思维有何不同？

❑ 您能提供商业环境下成长型思维的例子吗？

❑ 我如何发展和保持成长型思维，即使在面对挑战和挫折时？

❑ 有哪些关于智力和天赋的常见误解，我应该如何避免它们？

❑ 我如何利用成长型思维实现自己的个人和职业目标？

增强财务素养

❑ 在商业环境中，有哪些重要的财务概念需要我理解？

❑ 您能提供商业环境中财务分析和决策的例子吗？

❑ 我如何提高自己的财务素养，作出关于投资、预算和债务管理的明智决策？

❑ 有哪些常见的财务错误需要避免，我应该如何减少自己的财务风险？

❑ 我如何利用财务知识实现自己的个人和职业目标？

提高团队合作技能

❑ 在商业环境中，建立和维护有效的团队的策略是什么？

❑ 您能提供成功的团队协作和项目的例子吗？

❑ 我如何为积极的团队文化作出贡献，并以生产性方式解决冲突？

❑ 团队面临哪些常见挑战，我应该如何应对？

❑ 我如何利用团队合作技能，在工作和个人生活中实现更好的结果？

提高项目管理技能

❑ 在商业环境中，有效项目管理的一些关键原则和技术是什么？

❑ 您能提供商业环境下成功的项目管理例子吗？

❑ 我如何规划和执行能够按时、按预算和满足利益相关者期望的项目？

❑ 做项目管理时有哪些常见的问题需要避免，我应该如何降低风险？

❑ 我如何利用项目管理技能实现自己的个人和职业目标？

提高谈判技巧

❑ 在商业环境中成功谈判的一些策略是什么？

❑ 您能提供成功的谈判和结果的例子吗？

❑ 我如何准备并开展与客户、供应商和同事之间的有效谈判？

提高客户服务技能

❑ 在商业环境中，提供优质客户服务的策略是什么？

❑ 您能提供成功的客户服务互动的例子吗？

❑ 我如何以专业和同情心的方式处理困难或不满的客户？

❑ 有哪些常见的客户服务挑战需要应对，我应该如何处理它们？

❑ 我如何利用客户服务技能，在工作和个人生活中取得更好的结果？

财经新闻分析

❑ ［公司 / 行业］最近的新闻报道有哪些？

❑ 当前的新闻周期对［公司 / 行业］有什么影响？

- ❏ 能否提供过去一周与［公司/行业］相关的新闻报道摘要？
- ❏ 近期关于［公司/行业］的新闻报道总体情绪如何？
- ❏ 关于［公司/行业］的新闻报道与其竞争对手的报道有何区别？
- ❏ 哪些记者或新闻媒体在报道［公司/行业］方面最具影响力？
- ❏ 关于［公司/行业］的最热门新闻文章涵盖了哪些关键话题？
- ❏ 关于［公司/行业］的新闻报道在不同地区或国家的语气如何变化？
- ❏ 哪些关于［公司/行业］的新闻故事在社交媒体上引起了最多的关注？
- ❏ 在过去一年里，关于［公司/行业］的新闻文章中最常见的主题是什么？

诈骗检测

- ❏ 影响［行业/部门］的最常见诈骗类型有哪些？
- ❏ 我们如何检测客户交易中的欺诈活动？
- ❏ 金融交易中欺诈行为的关键指标是什么？
- ❏ 我们如何防止在线银行平台上的账户接管欺诈？
- ❏ 检测保险理赔中欺诈行为的最有效方法是什么？
- ❏ 在评估贷款申请的真实性时，需要注意哪些红旗信号？
- ❏ 我们如何检测和防止会计部门的员工欺诈？
- ❏ 诈骗分子实施电汇诈骗最常用的方法是什么？

情感分析

- ❏［产品/服务］的客户评论整体情感如何？
- ❏［公司/行业］的客户情感评分与其竞争对手相比如何？
- ❏［产品/服务］的客户评论中最常见的主题是什么？
- ❏ 能否提供与［公司/行业］相关的社交媒体帖子的情感分析？

- ❑ 过去一个月关于［公司／行业］的新闻文章的情感如何？
- ❑ 客户情感在不同人群中如何变化？
- ❑ ［产品／服务］的客户反馈中最常见的情感触发点是什么？
- ❑ ［产品／服务］的客户评论在不同地区或国家的情感如何变化？
- ❑ 能否提供与［公司／行业］相关的在线讨论的情感分析？
- ❑ ［产品／服务］的客户评论情感随时间的变化如何？

信用分析

- ❑ ［公司／个人］的信用评分是多少？
- ❑ 影响［公司／个人］信用评分的关键因素有哪些？
- ❑ ［公司／个人］的违约风险是多少？
- ❑ ［公司／个人］的信用评分与同行业或人群中的其他人相比如何？
- ❑ ［公司／个人］的预计还款能力是多少？
- ❑ 我们应该向［公司／个人］提供多少信贷？
- ❑ 能否为我们当前的贷款组合提供信用分析？
- ❑ 具有［贷款申请］特征的贷款违约概率是多少？
- ❑ ［公司／个人］的信用状况如何影响我们应收取的利率？
- ❑ ［公司／个人］的抵押贷款担保估值是多少？

金融财务

投资研究

- ❑ ［行业／部门］的关键趋势将如何影响投资机会？
- ❑ 能否提供［行业／部门］潜在投资机会的列表？
- ❑ 投资［公司／行业］的关键风险有哪些？
- ❑ ［公司］的财务表现与其竞争对手相比如何？
- ❑ 未来一年［产品／服务］的预期投资回报率是多少？

❏ ［产品／服务］的市场规模和增长潜力是多少？

❏ ［公司］的股价表现与整体市场相比如何？

❏ 过去五年［公司／行业］的财务表现如何？

❏ 未来一年［产品／服务］的预计市场份额是多少？

❏ 能否提供［公司／行业］在不同地区或国家的财务表现的比较分析？

个性化财务建议

❏ 基于［个人／公司］的财务目标，最佳的投资策略是什么？

❏ ［个人／公司］应为退休储蓄多少以实现他们的财务目标？

❏ 根据［个人／公司］的风险承受能力，推荐的资产配置是什么？

❏ 根据［个人／公司］目前的财务状况，最佳的债务还款计划是什么？

❏ ［个人／公司］如何优化税收策略以最大限度地减少税收负担？

❏ 基于［个人／公司］的投资期限和风险承受能力，最佳的投资工具是什么？

❏ ［个人／公司］管理现金流的最有效方法是什么？

❏ 能否为［个人／公司］提供一个实现财务目标的财务计划？

❏ 当前市场上对［个人／公司］来说最好的投资机会是什么？

❏ ［个人／公司］如何多样化投资组合以降低风险并最大化收益？

财务文件总结

❏ 过去一个季度／年度［公司］财务报表的主要主题是什么？

❏ 能否提供过去一年［公司］的损益表总结？

❏ ［公司］的关键财务指标是什么，与竞争对手相比如何？

❏ ［公司／行业］过去一年的财务表现发生了哪些变化？

❏ 能否总结一下［公司］的季度收益电话会议？

❑ ［公司］年度报告中提到的主要风险和机会是什么？

❑ 过去五年［公司 / 行业］的财务状况发生了哪些变化？

❑ 根据最近的财务报告，［行业 / 部门］的市场前景如何？

❑ 过去一年［公司 / 行业］财务报表中的主要趋势是什么？

❑ ［公司］的财务表现与同行业对手相比如何？

风险管理

❑ 与［产品 / 服务］相关的主要风险是什么？

❑ 能否为我们当前的投资组合提供风险评估？

❑ 我们如何降低与当前投资组合相关的风险？

❑ 不同风险因素对［公司 / 行业］的财务表现有什么影响？

❑ 我们如何优化风险调整后的回报？

❑ ［行业 / 部门］中不同风险事件发生的可能性是多少？

❑ 我们如何对冲与货币波动相关的风险？

❑ 对我们的投资组合来说，经济衰退的预期影响是什么？

❑ 我们如何管理与大宗商品价格波动相关的风险？

❑ 能否为我们的投资组合提供压力测试分析？

财务预测

❑ 明年［公司 / 行业］的预期收入是多少？

❑ 利率变动将如何影响［公司 / 行业］的财务表现？

❑ 下个季度 / 年度［公司］预期的现金流是多少？

❑ 能否为明年的［产品 / 服务］提供财务预测？

❑ 未来五年［项目 / 计划］的投资回报预期是多少？

❑ 大宗商品价格变动将如何影响［公司 / 行业］的财务表现？

❑ 您能预测新法规对［公司 / 行业］财务表现的影响吗？

❑ 明年［产品 / 服务］的预期市场份额是多少？

❑ 能否为［商业创意］提供一个财务模型以评估其可行性？

❑ 经济衰退对［公司 / 行业］财务表现的预期影响是什么？

财务规划

❑ 能否为未来三年的［商业创意］提供财务规划？

❑ 我们如何优化预算分配以实现最大 ROI？

❑ 未来五年［公司］的预期现金流是多少？

❑ 能否为［产品／服务］提供一个财务模型以评估其盈利能力？

❑ 我们如何管理债务权益比以优化财务表现？

❑ 基于［公司］的财务表现，最佳股息政策是什么？

❑ 能否为我们进入［新市场／地区］提供财务规划？

❑ 我们如何优化资本结构以最大化财务表现？

❑ 与［公司］合并或收购的预期财务影响是什么？

❑ 能否为我们向可持续商业模式过渡提供财务规划？

欺诈检测

❑ 您能在［公司／行业］中识别出可能的财务欺诈事件吗？

❑ 我们如何优化欺诈检测系统以降低财务风险？

❑ 能否为我们当前的投资组合提供欺诈风险评估？

❑［公司／行业］财务欺诈的主要指标是什么？

❑ 我们如何改进内部控制以防止财务欺诈？

❑ 您能否识别出［公司／行业］中可能存在的内幕交易事件？

❑ 数据泄漏或网络攻击对［公司／行业］的预期财务影响是什么？

❑ 我们如何使用机器学习算法优化欺诈检测系统？

❑ 能否为我们的供应商和供应商提供欺诈风险评估？

❑ 针对［公司］财务不当行为的诉讼的预期财务影响是什么？

成本优化

❑ 我们如何优化成本结构以提高财务表现？

❑ 您能否在我们当前的业务中识别出可能节省成本的领域？

- ❑ 自动化对我们的成本结构的预期影响是什么？
- ❑ 能否为我们当前的供应链运营提供成本分析？
- ❑ 我们如何优化库存管理以降低成本？
- ❑ 转向可再生能源的预期财务影响是什么？
- ❑ 能否为我们当前的制造过程提供成本分析？
- ❑ 我们如何优化物流运营以降低成本？
- ❑ 转向循环经济模式的预期财务影响是什么？
- ❑ 能否为我们当前的营销和广告活动提供成本分析？

财务培训

- ❑ 您能为我们的员工提供一份投资初学者指南吗？
- ❑ 我们如何提高员工的财务素养和决策能力？
- ❑ 能否为我们的客户提供财务培训计划？
- ❑ 财务培训的主要趋势是什么，我们如何将它们纳入我们的计划？
- ❑ 能否为高中生提供财务培训计划？
- ❑ 我们如何将可持续金融原则纳入我们的财务培训计划？
- ❑ 能否为老年人提供财务培训计划？
- ❑ 在获得财务培训方面，弱势群体面临的主要挑战是什么？
- ❑ 能否为创业者和小企业主提供财务培训计划？
- ❑ 我们如何将技术融入我们的财务培训计划，使之更具可访问性和吸引力？

税务筹划

- ❑ 我们如何优化税务策略以最小化负债并最大化节税？
- ❑ 能否为我们当前的运营和投资提供税务分析？
- ❑ 将在明年影响我们业务的主要税法变更是什么？
- ❑ 我们如何优化国际税务策略以最小化负债并最大化节税？
- ❑ 能否为我们与［公司］可能进行的合并或收购提供税务分析？

❑ 我们如何优化转让定价策略以最小化税务负债？

❑ 能否为我们可能进入［新市场／地区］的扩张提供税务分析？

❑ 我们如何优化税务策略以整合可持续金融原则？

❑ 能否为我们在［行业／领域］的潜在投资机会提供税务分析？

❑ 我们如何优化税务策略以整合社会责任原则？

财务风险管理

❑ 能否为我们当前的运营和投资提供风险评估？

❑ 我们如何优化风险管理策略以降低财务风险？

❑ 能否为我们与［公司］可能进行的合并或收购提供风险评估？

❑ 重大经济衰退对我们业务的预期财务影响是什么？

❑ 您能否识别出我们当前运营中可能存在的运营风险？

❑ 我们如何优化风险管理策略以整合可持续金融原则？

❑ 能为我们在［行业／领域］的潜在投资机会提供风险评估？

❑ 重大自然灾害对我们业务的预期财务影响是什么？

❑ 您能否识别出我们当前运营中可能存在的声誉风险？

❑ 我们如何优化风险管理策略以整合社会责任原则？

财务建模

❑ 能否为我们与［公司］可能进行的合并或收购提供一个财务模型？

❑ 我们如何优化财务模型以整合可持续金融原则？

❑ 能否为我们可能进入［新市场／地区］的扩张提供一个财务模型？

❑ ［行业／领域］主要监管变化的预期财务影响是什么？

❑ 我们如何优化财务模型以整合社会责任原则？

❑ 能否为我们在［行业／领域］的潜在投资机会提供一个财务模型？

❑ ［行业／领域］主要技术颠覆的预期财务影响是什么？

❏ 我们如何优化财务模型以整合 ESG 原则？

❏ 能否为我们与［公司］潜在合作伙伴关系提供一个财务模型？

❏ 重大地缘政治事件对我们业务的预期财务影响是什么？

绩效分析

❏ 能否为我们当前的运营和投资提供绩效分析？

❏ 我们如何优化绩效指标以最大化投资回报？

❏ 能否为我们与［公司］可能进行的合并或收购提供绩效分析？

❏ 主要环境变化对我们绩效的预期财务影响是什么？

❏ 您能否识别出我们当前运营中可能存在的管理不当行为？

❏ 我们如何优化绩效指标以整合可持续金融原则？

❏ 能否为我们在［行业 / 领域］的潜在投资机会提供绩效分析？

❏ 主要社会转变对我们绩效的预期财务影响是什么？

❏ 您能否识别出我们当前运营中可能存在的欺诈行为？

❏ 我们如何优化绩效指标以整合社会责任原则？

投资组合管理

❏ 能否为我们当前的投资组合提供分析？

❏ 我们如何优化投资组合以实现财务目标？

❏ 能否分析市场波动对我们投资组合的潜在影响？

❏ 一个重大经济衰退对我们投资组合的预期财务影响是什么？

❏ 能否确定我们投资组合中表现不佳的资产？

❏ 我们如何优化投资组合管理策略以整合可持续金融原则？

❏ 能否提供［行业 / 领域］潜在投资机会的分析，以便添加到我们的投资组合中？

❏ 一个重大地缘政治事件对我们投资组合的预期财务影响是什么？

❏ 能否识别出我们投资组合中估值过高的资产？

❏ 我们如何优化投资组合管理策略以整合社会责任原则？

债务管理

☐ 能否为我们当前的债务义务提供分析?

☐ 我们如何优化债务管理策略以降低成本?

☐ 能否分析利率变动对我们债务义务的潜在影响?

☐ 一个重大信用降级对我们债务义务的预期财务影响是什么?

☐ 能否确定我们当前债务义务中可能存在的违约风险?

☐ 我们如何优化债务管理策略以整合可持续金融原则?

☐ 能否为我们当前的债务义务提供潜在再融资机会的分析?

☐ 一次重大货币波动对我们债务义务的预期财务影响是什么?

☐ 能否识别出我们当前运营中可能存在的过度债务水平?

☐ 我们如何优化债务管理策略以整合社会责任原则?

投资者关系

☐ 能否为我们当前的投资者关系策略提供分析?

☐ 我们如何优化投资者关系策略以更好地与利益相关者沟通?

☐ 能否分析重大事件对我们投资者关系策略的潜在影响?

☐ 一个重大声誉风险事件对我们投资者关系的预期财务影响是什么?

☐ 能否识别出我们当前运营中可能存在的公司治理问题?

☐ 我们如何优化投资者关系策略以整合可持续金融原则?

☐ 能否为投资者提供我们公司潜在投资机会的分析?

☐ 一个重大市场低迷对我们投资者关系的预期财务影响是什么?

☐ 能否识别出我们公司可能面临的股东激进主义?

☐ 我们如何优化投资者关系策略以整合社会责任原则?

财务报告

☐ 能否为我们当前的财务报告实践提供分析?

☐ 我们如何优化财务报告实践以提高透明度?

☐ 能否为新会计准则对我们财务报告可能产生的影响提供分析?

☐ 对于我们的业务,重大财务报表重述的预期财务影响是什么?

❏ 能否识别我们当前运营中可能存在的会计欺诈行为？

❏ 我们如何优化财务报告实践以整合可持续金融原则？

❏ 能否为我们的财务报告流程中潜在的改进领域提供分析？

❏ 对于我们的业务，一场重大审计纠纷的预期财务影响是什么？

❏ 能否识别我们财务报告流程中可能存在的不充分内部控制
实例？

❏ 我们如何优化财务报告实践以整合社会责任原则？

现金管理

❏ 能否为我们当前的现金管理实践提供分析？

❏ 我们如何优化现金管理实践以提高流动性？

❏ 能否为重大市场事件对我们的现金管理实践可能产生的影
响提供分析？

❏ 对于我们的现金管理，一场重大欺诈事件的预期财务影响
是什么？

❏ 能否识别我们当前运营中可能存在的现金流风险？

❏ 我们如何优化现金管理实践以整合可持续金融原则？

❏ 能否为我们的现金管理流程中潜在的改进领域提供分析？

❏ 一场重大货币危机对我们的现金管理的预期财务影响是什么？

❏ 能否识别我们当前运营中可能存在的现金储备不足？

❏ 我们如何优化现金管理实践以整合社会责任原则？